保障性住房技术支撑

周晓红 著

中国建筑工业出版社

图书在版编目（CIP）数据

保障性住房技术支撑 / 周晓红著. — 北京：中国建筑工业出版社，2017.8

ISBN 978-7-112-20995-8

Ⅰ. ①保…　Ⅱ. ①周…　Ⅲ. ①保障性住房 — 建筑设计 — 研究　Ⅳ. ① TU241

中国版本图书馆CIP数据核字（2017）第169305号

责任编辑：黄　翊　徐　冉
责任校对：焦　乐　王雪竹

保障性住房技术支撑

周晓红　著

*

中国建筑工业出版社出版、发行（北京海淀三里河路9号）
各地新华书店、建筑书店经销
北京京点图文设计有限公司制版
北京建筑工业印刷厂印刷

*

开本：880×1230毫米　1/32　印张：10⅛　字数：252千字
2017年8月第一版　2017年8月第一次印刷
定价：38.00元
ISBN 978-7-112-20995-8
（30628）

目　录

第1章　绪论

一、研究背景、研究对象及研究意义

"技术支撑"是指为了确保某项事业的顺利开展，政府、机构、企业等在技术层面上所提供的各类政策、法规、制度、管理技术、产品等的总和。

"保障性住房技术支撑体系"是指政府通过审查认证、政策扶持或者直接组织管理等手段，为支撑保障性住房建设、运营，在技术层面上所作的相关制度安排。

（一）研究背景

"科学发展"、"加快转变经济发展方式"、"保障和改善民生"是"十二五"规划的基本指导思想，大力推进保障性安居工程建设是落实上述思想的重要途径。按照该规划，至"十二五"期末，我国将建设各类保障性住房约3600万套，"全国保障性住房覆盖面达到20%左右"，将要"使城镇中等偏下和低收入家庭住房困难问题得到基本解决，新就业职工住房困难问题得到有效缓解，外来务工人员居住条件得到明显改善"。

为适应保障性住房大量建设的目标要求，满足保障性住房在使用对象、住房面积等方面的基本特点及特殊需求，提高规划设计水平，推广新技术、新产品，确保工程质量和使用安全，当前的首要任务就是要根据保障性住房建设特征，在政府层面上，建立完善的保障性住房建设技术支撑体系，做好保障性住房"顶层设计"（责任分解体系、政策支撑体系、技术支撑体系）。

在上述背景下，为确保我国保障性住房建设的顺利开展，本书以保障性住房为对象，围绕支撑保障性住房相关技术体系的政策法规、建设标准，以及与既有勘察设计体系、施工建造体系、运营维护体系、信息管理与认证评价体系的关系等保障性住房技术支撑方面展开调查、分析与归纳、总结。

（二）研究对象

"保障性住房"一般是指政府为中低收入住房困难家庭所提供的限定建设标准、限定售卖价格或房屋租金的住房。在它的建设过程中，政府会在契税、土地出让、城市基础设施配套、房屋售价等多方面提供减免契税、零利润、低息贷款、资金补贴等优惠政策倾斜待遇。政府往往也会要求拥有它的全部或部分产权，或增加要求购置者在规定年限内不得出售或限定收购对象等其他附属条件，因此，它在一个国家的城镇住房体系中具有一定的特殊性。

我国的住房保障体系设计最早出自邓小平在1978年的"住房改革"倡议。当时，仅仅将城镇住房简单地分为商品房和保障性住房两类。其中，保障性住房主要指"经济适用住房"和"廉租住房"，政策设计的受惠对象主要是"城市低收入阶层的住房困难家庭"。

随着20世纪末21世纪初城镇"住房改革"的全面开展，商品住房购置已经成为我国城镇居民改善居住条件的主要手段，各地房地产市场风生水起。同时，城镇低收入阶层，特别是最低收入阶层的住房保障问题也逐渐成为影响房地产市场健康发展的瓶颈问题。在这种情况下，2005年后，我国以中央政府和地方政府为主导的围绕住房保障问题的诸多探索开始全面试水、推行。在我国日益汹涌的住房市场化大潮中，地方政府对住房保障类型有过很多尝试，各地对"保障性住房"的分类归属也较为混杂，例如有用于出租的廉租住房、公共租赁住房，有用于出售的经济适用住房、定向安置房、两限房、城镇拆迁安置房、农村动迁安置房、安居房、棚改房等多种住房保障类型。

为了能够全面、真实地反映我国住房保障的发展历程、现况以及存在的问题，本书的"保障性住房"，在广义上，包括上述各种住房保障类型；在狭义上，主要指在国家层面已有明确定义的住房保障类型，即经济适用住房、公共租赁住房、廉租住房三类。

经济适用住房：依据2007年修订的《经济适用住房管理办法》（建住房[2007]258号）规定："经济适用住房是指政府提供政策优惠，限定套型面积和销售价格，按照合理标准建设，面向城市低收入住房困难家庭供应，具有保障性质的政策性住房。"

公共租赁住房：依据2012年颁布的《公共租赁住房管理办法》（2012年住房和城乡建设部令第11号）规定："公共租赁住房是指限定建设标准和租金水平，面向符合规定条件的城镇中等偏下收入住房困难家庭、新就业无房职工和在城镇稳定就业的外来务工人员出租的保障性住房。"

廉租住房：依据1999年出台的《城镇廉租住房管理办法》（1999年建设部令第70号）规定："城镇廉租住房是指政府和单位在住房领域实施社会保障职能，向具有城镇常住居民户口的最低收入家庭提供的租金相对低廉的普通住房。"

其他，例如两限房、拆迁安置房、棚改房等住房保障类型，由于在建设目的、建设规模、政府优惠政策等方面，各地均存在一定差异，在国家政策层面上，对此类住房尚无明确定义与定位，因此，在具体理解与政策执行时，多参照经济适用住房相关政策来落实、执行。

在此需要特殊说明的是：住宅建筑作为耐久消费品，同样有着与其他商品一样的产品寿命周期，即产品的规划、设计、生产、经销、运行、使用、维修保养，直到回收再利用的全寿命周期。为了坚决贯彻"十二五"规划关于"加快建设资源节约型、环境友好型社会"的基本指导思想，实现保障性住房的可持续利用，"保障性住房的技术支撑"应该是指对保障性住房的"全寿命周期"、"全过程"在工程技术方面的大力支撑，其中包括保障性住房的建设规划、勘察设计、施工建造、运营维护以及最终增改建、拆除、回收再利用等"全阶段"。

（三）研究意义

我国将在相当长的时期内处于城镇化快速发展阶段，城乡人口迁徙，城镇商品住房房价居高不下，都将是一定时期内无法回避的问题，城镇中低收入居民住房困难问题也将会在较长时期内存在，因此，保障性住房建设问题不但不能回避，而且是任重而道远。从这个角度上讲，体系化建设保障性住房技术支撑是确保保障性住房勘察设计、施工建造、运营维护、拆改建活动顺利进行的基本保障，是切实提高所有城镇居民居住水平，全面建设小康社会的根本需要。当前，建立完善保障性住房技术支撑的主要意义表现在如下几个方面：

1. 确保城镇居民居住水平，保障社会和谐稳定

建设保障性住房体现了中国共产党解决城镇中低收入人群住房问题的决心与努力。住房标准高低、建设质量好坏、可持续与否都是直接关乎千家万户、关乎国家经济发展速度的现实利益问题，是使中低收入家庭真正摆脱住房困难，实现城镇居民安居乐业的基本保证。建设完善保障性住房建设技术支撑，是反映中国共产党执政为民理念，增进社会公平，促进社会政治安定的途径，社会影响深远。

2. 积极促进技术政策落实，推动行业技术进步

"发展现代产业体系"、"加快建设节约型、环境友好型社会"是"十二五"规划的基本指导思想。保障性住房建设由于量大面广，在

积极落实国家行业技术政策，促进新技术、新产品的推广方面可起到很好的示范带头作用，推动整个行业的产业技术进步。

3. 整合现有技术、产品资源，促进新经济增长点的形成

住房建设是投资与消费的结合点，是拉动地区经济，促进相关行业发展的原动力。保障性住房建设不但关系到城镇中低收入人群居住环境的改善，同时也涉及一个国家住房供应结构的深度调整。保障性住房的大量建设将会给相关产业带来巨大的市场需求，为上下游企业带来新的机遇。

体系化建设保障性住房技术支撑就是在国家或地方制度层面上建立促进现有地区产业生产技术、产品资源整合优化的长效机制，在政策上积极引导保障性住房技术、产品选用的发展方向。

二、研究框架

本书围绕保障性住房的建设规划、勘察设计、施工建造、运营维护、信息管理等以实事求是为原则，基于我国保障性住房相关政策发展历程、经济发达国家公共住房建设发展特点、我国保障性住房建设现况与问题、我国特大城市低收入住房困难家庭的居住特点与需求调查以及我国既有民用建筑建设勘察设计体系、施工建造体系、运营维护体系、信息管理和认证评价体系在保障性住房建设、运营方面的具体体现，勾勒、构建我国保障性住房技术支撑体系。

基于上述研究思路，本书由 12 个章节组成。

第 1 章，即本章节，是对研究背景、概况、研究的技术路线、研究的基本思路、国内外研究现况等的总体说明。

第 2 章，对新中国成立后住房保障政策、特别是城市最低收入居民住房保障政策的发展演变进行了回顾，并从中央和地方政府（以

上海为例）两个层面分析、总结了相关住房保障政策的发展特点及存在问题。

第 3 章，介绍发达国家和地区的住房保障发展历史、特点、存在问题以及对我国保障性住房建设实践及技术文件编制的指导意义等。

第 4 章，基于全国调研，介绍我国保障性住房建设现况，包括建设规划、规划设计特点、居民满意度、物业管理等实况与问题。

第 5、6 章，基于实态调查、数理分析对特大城市（以上海为例）低收入家庭主要居住行为、需求特征展开研究，包括住宅户内、户外居住环境，同时，也对特大城市保障性住房住区规划及住宅单体设计存在的问题进行讨论。

第 7 章，在梳理我国既有住宅工程项目勘察设计体系现况的基础上，对保障性住房建设技术支撑所对应的勘察设计体系进行整理与建构，并且对既有体系存在的问题进行讨论与总结。

第 8 章，以国内、外最新施工建造技术、材料为基础，分析归纳了我国保障性住房建设相应施工建造体系的基本构成与特点。

第 9 章，基于对国内、外住房运营与维护技术与管理现况的分析，对比技术体系先进国家的经验，对我国保障性住房建成使用后的运营维护技术及管理体系进行构建与整理，并对既有体系中存在的问题进行讨论与总结。

第 10 章，比照对国内，特别是对比欧美、日本等发达国家对住房信息管理及其产品（部品）、资格、性能认证制度的发展现况总结、完善我国保障性住房建设运营全过程的相关信息管理、认证评价体系的具体构建内容。

第 11 章，基于上述章节分析归纳的保障性住房技术支撑体系，以上海地区为例，对上海市保障性住房建设实践、配套住房保障行政管理、建设管理、物业管理以及政府在土地、资金、税收等方面相应经济优惠政策的具体要求进行对应整理，并对上海市体系建设中存在的不足进行了阐述与总结。

第12章，是本书的总结，也是对我国保障性住房技术支撑（包括建设规划、勘察设计、施工建造、运营管理、信息管理与认证评价），特别是在建设规划、勘察设计方面的技术、标准配套的总结与展望（图1-1）。

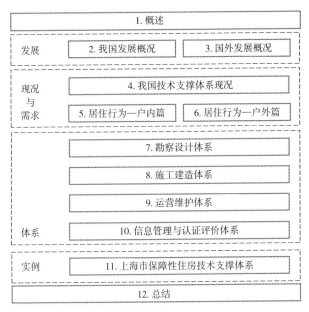

图1-1 研究框架

三、既有研究

住房保障问题除了建设技术和标准，无论在哪个国家都会涉及意识形态、阶级公平、综合国势、社会福祉等政治、经济、社会等多方面，因而也是政治学家、社会学家、经济学家乃至针对专项技术的规划、建筑学家重要讨论、研究的议题。但是，由于各个国家经济水平、社会文明程度以及工业化和城镇化发展所处阶段的不同，各国研究者所需要面对的现实问题、解决手段往往存在着很大的差别。就如同很难将英国现在的住房保障制度与朝鲜的公有住房分配制度相提并论一样，我国的住房保障一路坎坷，其中出现的问题、可能的解决方法也具有它的特殊性，更别说我国幅员辽阔，南北方、沿海非沿海地区经济发展极不平衡，各地低收入阶层的界定、住房困难问题解决的难易程度等均具有鲜明的地区特点。

本书对既有研究成果的归纳主要集中在对国内专业核心刊物[①]发表的中文论文、国内相关学科重点专业[②]通过的中文博硕学位论文以及中文专著等。

依据研究内容大致可分为如下几个研究方向：

（一）国内保障性住房相关研究

1. 居民需求与行为特征研究

清华大学的周燕珉等通过调查北京低收入住房困难家庭的居住实态，提出了北京地区保障性住房设计中的若干注意事项。此外，周燕珉研究团队还结合北京地区保障性住房建设实践，推出了《公共租赁住房标准设计样图》、《中小户型住房设计标准图》等。

中山大学的李志刚等以广州某保障性社区为对象，通过对其居民日常生活机制的调查，提出其居民面临日常生活"边缘化"的不利状况，采取了"创造多元社会空间"的"生活战术"，主动"去边缘化"，如改造空间、非正规就业、培育社会资本和积极发掘生活资源等，为保障性住房研究提供了新视角。

① 主要指《建筑学报》、《建筑师》、《城市规划》、《城市规划汇刊》、《国外城市规划》等专业核心刊物。

② 主要指老八校的建筑学、城市规划专业。

日本北海道大学工学院李纛彬等以沈阳市廉租住房入户调查为基础，分析了廉租住房居民的室内空间利用特点、存在问题，并针对问题提出了相应的修正意见。

广州大学的文铮等通过对广州保障性住房居民居住需求的调查分析，将此类需求分为"永久性"与"非永久性"，将居住空间分为"核心"与"非核心"功能空间，并以此为基础，提出了若干保障性住房公共服务功能建设的构想。

华南理工大学的郭昊栩等通过对广州5个保障性住房小区进行使用方式和使用倾向的POE评价研究，从空间利用、私密需求、邻里交往等方面，提炼出了岭南地区保障性住房的特有设计方法。

2. 住房政策、制度研究

郑州大学的马晓亚等从制度与空间的视角出发，归纳、综述了国内外住房制度和城市空间相关研究的进展情况，并指出了国内研究存在的相关问题，同时，指出：在廉租住房微观空间下，涵盖多层面内容的实体案例研究亟待加强。

北京的李钊等总结了我国保障性住房发展的若干阶段以及相关政策，并基于对北京市朝阳区保障性住房居民的调查，对北京地区保障性住房设计实践中存在的主要问题进行了归纳。

3. 建设选址与规划研究

住房和城乡建设部的柳泽等以对北京、长沙、昆明三个城市的保障性住房的实地调查与综合分析，指出我国保障性住房空间选址中存在边缘选址、集中规模化布局、设施配套不足等特征与问题，同时还指出当前保障性住房空间选址中存在着"政府选址"、"空间寻址"、"应急选址"等典型特征和问题。

浙江大学的丁旭通过对研究现状述评与保障性住房建设问题的分析，发现不恰当的居住空间区位分布直接导致了保障性住房效用发挥的低下。

南京大学的汪冬宁等从保障性住房选址原则入手，提出了"土地位置与土地价格的均衡最优"、"轨道交通邻近优先"、"公共配套设施优先"、"产业用地适度结合"、"居住人群多层次混合"等选址策略，并以南京市保障性住房选址建设的实际操作为例进行了分析。

南京大学的李智等基于对南京市新就业人员居住现状的问卷调查，通过对居住面积供需匹配度、交通便捷度、换房频率、日常生活影响度等的分析，结合住房保障政策，认为提供公共租赁房是解决新就业人员居住问题的最好的方式，并从城市规划的角度提出了相应的保障措施。

东南大学的郭菂等对保障性住房建设的节地策略展开了研究，总结了在保证日照、通风和绿化的前提下，通过高层高密度、围合布局方式、多层次复合户外空间以及土地功能混合等节地策略，可合理增加保障性住房用地容积率指标，可以实现土地的集约利用，并有助于人居环境的优化。

中山大学的袁奇峰等以广州为例，从城市和居住区两个空间层面，实证性地解析了保障性住区公共服务设施的供给特征：城市层面，市级公共设施之于保障性住区空间不可达；居住区层面，公共设施在配建和移交、供应环节均存在显著的供应易质、供应时滞、供应不足的问题。同时，研究者还建议城市政府在保障性住区建设中要特别关注公共服务设施的配置，应该以降低中低收入群体的生活成本为原则，体现公益性。

4. 住宅设计研究

天津的奚树祥等回顾总结了自政府出台推行小户型住宅政策以来，建筑师对小面积住宅设计技术途径的探索，对典型户型的设计进行了分析总结，为中低收入的保障性住房提供借鉴。

北京工业大学的陈喆等通过对保障性住房空间需求及经济特征的分析，基于哈布瑞肯（John Habraken）的开放住宅理论，探讨了保障性住房对该理论应用方面的特殊需求，并以北京市为例，提出了适应高层保障性住房户型设计的相应策略。

同济大学的李振宇等以上海地区为例，分析了目前保障性住房设计中的难点，从选址、小区规划、建筑设计3个层面提出了设计难点与相应的解决策略。

此外，2008年、2012年北京、深圳分别进行了保障性住房的全国设计竞赛，并进行了推广。

（二）发达国家和地区住房保障相关介绍

重庆大学的章征涛等在总结国外主要国家的保障性住房的表现形式和内容的基础上，以时间为线索，从空间布局、空间组织和空间融合3个方面，详细评述了其应对住房短缺所采取的一系列手段。

南京大学的申明锐等回顾了第二次世界大战以来英格兰保障性住房的发展历史，总结了当前英格兰保障性住房的定位、类型、受益人群、供应机制以及空间绩效调控。

Marom N等以伦敦和纽约的新住房计划——伦敦住房战略（LHS）和纽约的新住房市场计划（NHMP）为研究着眼点，比较了两个城市的住房市场和住房政策受新自由主义的影响情况。

法国受《雅典宪章》中功能分区思想的影响，其社会住宅建设采取郊区化的"大型社会住宅区"模式，导致严重的居住隔离现象，其消极影响延续至今。北京的陆超等尝试探索法国社会住宅建设中居住隔离现象产生的内在机理，并且回顾了此后法国政府为消除居住隔离所采取的一系列政策措施，并对我国在大型保障性住房社区建设中如何避免居住隔离现象提出了政策建议。

住房和城乡建设部的胡毅等以荷兰住房协会为对象，概括了它的发展历程以及适应荷兰政府住房政策的变化，总结了住房协会的双重二元特征：私人机构，却承担公共责任，资金来源于政府和NGO组织。同时，研究者还分析了住房协会与各方之间的关系、扮演的不同角色，各项职能。此外，还对荷兰住房协会的管理模式进行了总结和反思。

中山大学的薛德升等对德国住房保障体系的政策演变、资金筹措和监督体系等方面进行了研究。

广州的李俊夫等总结了新加坡保障性住房政策的内容与特色，并以乌兰新镇的开发管理为例归纳了新加坡社区建设和管理经验。

西安交通大学的周典简要概述了日本保障性住宅的发展历程以及各时期的相关政策，并重点介绍了日本保障性住宅居住性能评价、控制成本、联系地源社会的规划设计理念及方法。

河北的郭卫兵等通过分析我国香港地区公屋的发展历程、规划建设实例、管理模式，指出了香港公屋的优点，包括固化户型、建设规模化、公共交通便捷、配套设施齐全、管理体制明确、管理制度严格、政策规定透明及投融资机制创新、灵活等。

同济大学的赵进围绕香港公营房屋的政策演进、住房政策的目标与原则、公营房屋政策所涉及的机构及其职责、公营房屋计划和实施状况以及公营房屋住区的规划设计等内容展开了深入研究。

同济大学的李甜等以美国混合住区为研究对象，归纳了其发展概况，并选取典型案例，从建设规模、混居形态、规划特点三个方面阐述了包容性区划、"希望六号"及"住区选择"计划主导下混合住区的建设模式，按照居民构成和混合尺度两个维度，识别五类典型混居模式。

北京的张娟通过对美国包容性区划经验的学习以及中美相关背景的比较，认为我国目前采用与包容性区划性质相似的保障性住房

"配建政策"不仅具有重要意义，同时具有较强的政策执行优势。

同济大学的姚栋等介绍了3个美国保障性住房绿色设计案例，试图从中寻找我国保障性住房建设可资借鉴的绿色建筑途径。

通过以上对国内外住房保障问题的相关研究与建设经验的介绍，不但为我国现阶段大规模建设保障性住房提供了"以人为本"的法规、标准编制基础，而且也为我国住房保障政策的调整与完善提供了一些借鉴和启示。

四、国内外住房保障基本概况

依据上述既有研究以及政府新闻报道、政府工作报告、实态调查等，现将目前我国住房保障建设、技术支撑的基本情况以及发达国家与地区的住房保障建设与技术支撑的经验简单整理，概述如下：

（一）我国保障性住房基本概况

1. 建设情况

2007年后，我国开始大规模的安居工程建设，解决了大批城镇中低收入家庭住房困难问题。"十一五"期间，全国开工建设保障性住房1600多万套，至2010年底，解决了2200万户城镇低收入家庭和部分中等收入家庭的住房困难问题。2011年，全国已如期开工建设各类保障性安居工程1000多万套。2012年，全国还将新开工各类保障性住房700万套以上。截至2012年6月底，各地城镇保障性安居工程已开工470万套，开工率为63%，基本建成260万套，完成投资5070亿元。

2011年，天津市共开工建设10万套公租房，除滨海新区1万套外，其余的9万套中有5.8万套建在中心城区。重庆市2011年保障性安居工程建设目标为 43 万套，截至 7 月底，已开工建设 37.56 万套，计划量和开工量均居全国前列。2011 年深圳市已开工保障性安居工程项目 65 个，共 73553 套，提前完成本年度目标任务。常州市 2011 年住房保障安居工程新开工共 19800 套，超额完成工作目标任务。

2. 支撑技术

全国保障性住房如此大量、快速的建设离不开现有工程建设标准、工程建设管理和现有技术、产品的有力支撑。

到目前为止，国家批准备案的各类工程建设标准已达 4700 余项，其中包括居住小区规划、住宅单体设计、厨卫空间设计、施工验收规范、房屋修缮等以普通住宅为服务对象的各种国家标准、行业标准。同时，各地方又结合自身城市发展特点，出台有"×××城市建设管理规定"、"×××住宅设计标准"等多种住房建设相关地方管理规定与地方设计标准。

自 20 世纪 50 年代开始，我国的住房建设经历了"先生产后生活"、"合理设计不合理使用"、"'文革'中的住房建设停滞"、"八五住宅设计标准"、"九五住宅设计标准"、"21 世纪的房地产建设热潮"，经过近 60 年的住房建设实践，我国普通住房工程建设标准业已涵盖勘察设计、施工验收、房屋维修全过程，既包括有住宅专项标准，如《住宅设计规范》等，也包括各类通用标准，如消防、人防、结构、设备、节能、竣工验收、房屋修缮等，形成了一套较为配套、成熟的住房工程建设相关技术标准体系。

除上述标准体系外，国家和地方层面还发行有各种住宅类统一技术措施、设计导则、标准图集等技术文件作为工程设计的补充。同时，为配合提升住宅整体性能，优选住宅产品，借鉴国外经验，专门针对住宅类建筑，尚有"住宅性能评定"、"优良部品认证"、"绿色建筑"等评价、认证制度。

3. 大规模建设中存在的主要问题

在 2011 年围绕全国保障性住房建设实态的相关调查中发现，虽然各地有着大量普通城市集合住宅建设实践以及住宅建设的系列技术支撑作基础，但是，仍在保障性住房建设实践及相关技术管理方面存在如下 4 个方面的问题：

（1）现有普通住房建设技术支撑对保障性住房建设的支撑不够全面，专门针对保障性住房建设的技术支撑未能形成较为完整的体系。

目前为止，全国性保障性住房建设标准尚在编制过程中，国家建设标准的出台滞后于地方建设发展速度。同时，在实地调研中也发现，各地的保障性住房建设在立项选址、设施配置、室内使用面积、性能、装修等方面都不同程度地存在着规划、设计细节不到位的问题，规划设计的精细化程度尚有不足，需要明确建设标准，增补相关技术资料作参考。

（2）在现有技术支撑中，现行行业技术推广政策落实、体现不充分，对住房建设工业化、部品化、绿色建筑、绿色施工技术等要求较少。

保障性住房建设在积极推广适用性新产品、新技术方面，推广力度、途径、手段均尚存不足。特别是住宅工业化、节能环保等产业政策在现行支撑中体现不充分，保障性住房作为政府工程，量大面广，推进力度强，行业示范作用突出，但上述优势未得到充分利用。此外，建设工程在质量监管、产品、技术准入等方面仍有进一步改善的余地。

（3）对公共租赁住房、廉租住房后期运营维护的重要性认识不足，住房保养、修缮、管理等相关技术、产品、标准等配套建设不够。

由于公共租赁住房、廉租住房多为近年新建，维修较少，因此各地行政主管部门对今后住房运营维护工作的重要性认识不足，缺乏长远规划，同时，在运营管理、产品技术选用等方面缺乏统一考虑。

（4）保障性住房信息化建设尚不成熟，各类认证、评价工作在保障性住房中的实施办法尚未明确。

各地的保障性住房信息化平台大多处于建设、摸索阶段，实施效果如何仍有待时间考验。此外，作为确保住房建设质量，推广新产品、新技术重要手段的各类认证、评价工作，如何凭借保障性住房建设的大量建设，促进整个行业的良性发展，目前仍处于探索阶段。

（二）发达国家和地区公共住房建设及技术支撑概况

与国内保障性住房建设与技术支撑条件相比，日本、新加坡、中国香港等发达国家及地区在公共住房建设、建设的技术管理体系等方面，具有发展历史较长、建设经验较丰富的特点，有很多可资借鉴之处。

1. 日本

（1）建设管理主体

日本的公共住房分公营住宅、公团住宅两种，公营住宅以出租为主，建设管理主体为各地方行政主体。公团住宅有租、售两种，建设管理主体为都市再生机构（简称 UR）。都市再生机构是由日本国土交通省管辖的独立行政法人，目前主要从事土地再开发以及对UR持有的公团住宅的管理、重建工作。

（2）技术标准体系

日本公共住房建设有着明确的建设标准，其制定原则来自于国家每5年制定1次的"五年计画"。在工程技术上，公共住房同普通住房一样，受"建筑基准法"、"消防法"等技术法令、法规的约束。但同时，由于公共住房巨大的市场占有率以及多年的工程建设经验积累，其自身又形成了"公共住房建设标准式样书"、"标准图集"等，包括文字、规格、图样等各种表达方式，涵盖建筑、结构、设备等各个专业的标准化、系列化的技术文件、技术资料。它们不但对日本现有技术法令、法规形成有力的补充，同时由于其技术领先、政府工程示范效用突出，又成为很多民间普通住房开发普遍效仿的技术基准。

（3）运营维护

日本公团住宅的日常运营维护由日本都市再生机构负责。机构内不但设有专门部门与大量人员承担各地申请入住家庭的资格审查、准入与退出，同时，机构还拥有自己的物业管理队伍，并制定有完善的维护计划、维护修缮技术标准、产品施工安装措施等，从制度、人员、技术等多方面，努力保证公团住宅的可持续发展。

由于公团住宅占日本公共住宅的大多数，各地公营住宅运营维护主要参照公团住宅进行。

（4）新技术、新产品推广

为了提高公共住房建设品质，积极推进新产品、新技术在行业中的应用，日本还在公共住房建设中大力推行"优良住宅部品认证"、"长期优良住宅技术审查"、"住宅性能认定"等认定评价工作，分别在部品、住房整体性能等方面，严格把关，择优推荐，引领相关领域技术、产品的发展方向。

2. 新加坡

（1）建设管理主体

新加坡建屋发展局（HDB）兴建的公共住房占据了新加坡境内住房市场的绝大多数。HDB在新加坡同时拥有业主与咨询公司的功能，它拥有自己的设计和项目管理部门，除施工需通过政府招标，选用备选工程承包商外（实施准入认证制度），其他如设计、物管等多由HDB自己承担，在公共住房的建设管理、运营模式上具有很强的独立性。

（2）技术标准体系

新加坡的民用建筑工程技术标准沿袭的是英国的体系，在《建筑管制条例》、《建筑控制（建筑设计）规例》等技术标准之下，还有指南、手册、标准图则等技术资料作参考。

新加坡的公共住房建设同样需要遵循上述技术标准要求。除此之外，由于 HDB 独立性较强，它还拥有自己内部的工作手册，适时结合各方意见反馈。工作手册的更新速度很快，能够及时适应住房市场的需求。

（3）新技术、新产品推广

新加坡公共住房建设中鲜明的政府主导色彩，为建筑工业化技术在新加坡的顺利推广提供了方便。为鼓励住宅工业化，HDB 制定有专门的行业规范，规定公共住房工程应达到一定的装配率才具备规划报批条件。新加坡推行绿色建筑标识计划，公共住房项目发挥示范效应，首先进行建设试点。

3. 中国香港

（1）建设管理主体

香港的公共住房建设由香港房屋委员会及房屋署负责，前者是决策机构，后者是承建机构。房屋署由行政管理、建筑施工、房屋管理三个部分组成。征用土地后，从规划设计、建造施工、租赁销售到日常的物业管理均由房屋署组织完成，运作体系相对独立。

（2）技术标准体系

香港的工程建设技术标准体系同样秉承英美体系，公共住房建设要遵守相关《条例》、《规则》的技术要求。同时，各政府部门和行业协会还制定出版有各种图则、技术通告、指南等技术资料，用来指导、规范公共住房建设。

（3）新技术、新产品推广

香港的住宅工业化同样得益于政府在公共住房建设中的大力推广。政府在公屋建设中带头使用，抛弃粗放式的建设模式，起到了很好的示范作用。

综合以上分析，发达国家和地区公共住房建设及技术支撑体系的基本特征如下：

（1）公共住房集中建设管理，国家政策落实彻底，技术推广便利。

（2）建设目标明确，技术标准体系呈金字塔结构，底部文件、资料丰富，更新速度快。

（3）强制性技术法规与推荐性技术标准适度分离，执行力度明确，内容修订便利。

（4）设计、施工企业实行备案准入制，确保公共住房建设质量。

（5）住房的运营维护强调计划性，相应技术标准配套。

（6）新技术、新产品推广由政府主导，政府项目带头。

（7）对建筑产品、技术等实行优良产品标识推介制度，对住宅性能实行住宅性能认证，以确保公共住房品质，兼顾新品开发与新技术推广。

五、研究目的、技术路线

基于以上分析和考量，本书将以国内保障性住房技术支撑的体系建设为基本目标，通过对国内住房保障发展的回顾，基于对国内保障性住房建设现况的真实把握，借鉴发达国家和地区近现代住房保障政策与实践，本着"以人为本"的原则，从城市中低、低、最低收入住房困难家庭户内、户外客观居住行为、居住需求入手，以既有城市集合住宅建筑、住区建设、运营"全生命周期"的相关勘察设计、施工建造、运营维护、信息管理和认证评价体系为基础，构建、完善我国相应住房保障的技术支撑体系。

为了达成上述目标，本书各章节研究均基于建设、管理、居住的实态调查、历史文献、法规、标准等技术文件的全面整理，采用多变量解析等数理分析手段，通过客观的分析和总结，以达成保障性住房技术支撑体系构成的研究目标。

实态调查包括：

（1）2011年全国保障性住房建设、管理、居住实态调查（第4章）；

（2）2008年上海市廉租住房居民户内居住实态调查（第5章）；

（3）2015年上海市保障性住房（农村动迁安置房）住区居民户外活动实态调查（第6章）。

文献资料、技术文件调查包括：

（1）改革开放后，我国廉租住房制度相关政策文献的全整理（第2章）；

（2）改革开放后，上海市廉租住房制度相关政策文献的全整理（第2章）；

（3）我国现行住宅建筑、住区相关勘察设计标准、技术文件全整理（第7章）；

（4）发达国家和地区住房保障发展历程及现行住房保障相关技术支撑的全整理（第3章）；

（5）上海市现行保障性住房建设与管理的相关技术标准的全整理（第11章）。

涉及的调查方法包括：

（1）问卷调查（第2、4、5章）；

（2）访谈（第2、4、5、6章）；

（3）活动观察（第6章）。

涉及的分析方法包括：

（1）交叉集计（第2、4、5、6章）；

（2）数理分析（第5章）。

因保障性住房建设与管理技术涉及的内容量多面广，因篇幅限制，本书各章节内容仅围绕相关方面的重点问题作深入讨论，只希望能起到抛砖引玉、启发参考的作用。

六、小结

一个国家的住房保障问题涉及方方面面，范围很广，政治、经济、社会等各方面、各层次因素都会最终影响到保障性、公共性或社会性住房的建设、保有、经营、管理方式等，既无法仅仅以技术问题简单视之，也无法从社会制度、意识形态或国民经济水平出发，一言以蔽之。

本书内容专门围绕保障性住房相关技术支撑而展开，是以建设、运营管理的技术规范、标准为根本出发点的，因此，在结论的得出方面难免会存在一定偏颇。但是，由于建筑物建设、使用的特殊性，技术是一切制度、政策落到根本、落到实处的基础，因此，也希望通过技术支撑的基本建构，为其他政治、经济、社会学研究夯实基础，使其他专业研究者有的放矢地进行修正与改革。

第2章 我国住房保障制度的发展历程

新中国成立以后，我国一直实行"公有住房"的"实物福利分配制度"。1998年，经过近20年的"住房改革"酝酿、试水，"公有住房分配制度"被全面禁止，取而代之的是"对不同收入家庭实行不同的住房供给政策"，其中，廉租住房作为解决城市最低收入家庭住房困难问题的具体配套办法出现在新的住房供给政策中[1]。廉租住房是指由政府和单位向"具有城镇户口"的"最低收入家庭"提供租金相对低廉的普通住房[2]。

进入新世纪后，伴随着房地产市场的高歌猛进，中央、地方政府曾出台多项廉租住房相关规定，但是，城市最低收入家庭的住房困难问题解决的效果却并不十分令群众满意。

本章基于文献、法规资料调研以及对上海市廉租住房租赁家庭的入户调查，回顾、总结并比较了中央与地方（以上海市为例）廉租住房制度的发展演变及其特征，探讨了廉租住房政策制定、实施过程中可能存在的问题。

上海市为特大城市，人口总量居全国首位，解决居民住房困难问题的难度不但相对较大，解决方式也非常典型，因此，以上海为例反映我国地方政府在执行中央决策，解决最低收入家庭住房困难

---

[1] 国务院办公厅.国务院关于进一步深化城镇住房制度改革加快住房建设的通知.国发[1998]23号.1998.7

[2] 建设部.城镇廉租住房管理办法.建设部70号令.1999-4-22.

问题上的不懈努力以及在前进道路上遇到的难题，相对较为全面、突出，具有借鉴意义。

一、我国政策法规体系

现代国家一般以立法为基础,规范处理国家日常事务。由于历史、意识形态、文化等影响，各个国家的政策法规体系会有一定的差别。

1949 年 10 月 1 日新中国成立伊始，学习苏联，建立、健全了一套社会主义国家的政策法规体系。归纳总结我国建筑行业的相关法规体系如图 2-1 所示。

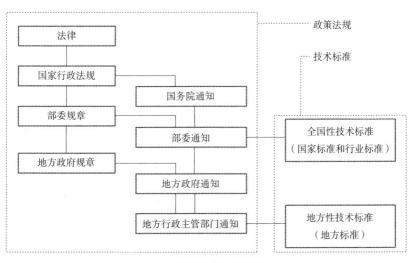

图2-1　我国的建筑法规体系

我国所有建筑相关法规的根本基础是中华人民共和国"建筑法"，然后依次是国家行政法规（主要指国务院批准的各项法规）、部门规章（包括各中央部委规章、省和直辖市政府规章）、各项通知（如国务院通知、中央部委通知、地方政府或行政主管部门通知等）。我们日常碰到的各项国家、行业、地方规范、标准等属于技术标准的范畴，严格讲不具有法律效力，它是政策法规在技术上的扩展和延续。

二、1949 ~ 1998 年住房保障情况

（一）公有住房分配制度

1949 年 10 月 1 日，中华人民共和国成立，毛泽东主席在北京天安门城楼上庄严宣布"中国人民站起来了"。自此，一个以全社会"共产主义"为最终目标，以"社会主义"为过渡阶段的新时代开始了。

20 世纪 50 年代初的新中国，社会主义建设如火如荼。通过"一化三改造"，生产资料包括城市房屋、地产大部分收归国有。由于刚刚摆脱战争的阴霾，城市建设尚未启动，城市住房困难问题极其突出。因此，中央决定开始推行"经租房"政策，动员有房者出租私有房屋。1958 年 6 月 4 日，北京市私房改造领导小组出台"私有出租房屋的社会主义改造"的决定。稍后，各省、直辖市纷纷效仿北京，"经租房"做法很快被推广至全国。此类私人住房出租不是由业主自行分散出租，而是将出租经营权统一收归各地政府房管部门，由房管部门统筹分配出租，统一负责"经租房"的运营管理，如日常物业管理、收租、修缮等，出租租金的 20% ~ 40% 发给"经

租房"的实际业主。"经租房"之称由是开始 ①。

到 1958 年底,"城市私房改造"基本结束。1964 年 7 月,政府正式宣布:"私人租赁性质的住房关系基本不再存在了"。到 1978 年,我国城镇住房中 74.8% 为公有住房。

---

① 民国时期,有一些用"平民"开头的术语,这里的"平民"专指普通老百姓当中的穷苦老百姓,即"平民"等于贫民,只是叫人家贫民涉嫌歧视,故此才改称"平民"。因此,民国时的平民住宅、平民宫和平民新村等,就是专为穷人建造的廉租房。

民国时期的平民住宅、平民新村、平民宫,在任何一座城市都寥若晨星,有的城市干脆没有,其建造规模和覆盖面小得可怜,故此只能是廉租房。

曾有研究说,民国的廉租房是从南京开始兴建的:1935 年南京市政府为改善市容,在中山门外、和平门外、武定门外、止马营、七里街等地建造了 790 所平民住宅,每所每月租金定在 3 块大洋以下,供无房劳工居住。

但实际上最早兴建廉租房的城市应是广州。1929 年,素有"南天王"之称的粤系军阀陈济棠主政广东以后,先在广州城的大南路、海珠桥南北岸、八旗会馆旧址、黄沙、东校场等处建造 30 多栋筒子楼样式的平民宫,按照比市面租金低一半的价格租给工人和疍民(在船上定居的渔民)。

继广州之后,1928 年 4 月 4 日,上海市政府曾颁布《奖励建筑平民住所办法》,试图通过减免税费和降低地价的优惠政策,来吸引开发商建廉租房,结果无人响应。1931 年,上海市长筹集善款大洋 150 万元,在其美路和中山路动工兴建廉租房小区,1932 年 6 月建成。

1933 年,为改造市区内星罗棋布的贫民窟,汉口市政府在唐家庵和苗圃建成 2 个廉租房小区。差不多在同一时间,汕头市政府在汕头北郊与澄海交界的地方建成汕头市平民新村。而南京第一批廉租房是于 1935 年才建成的。

北平的廉租房出现得更晚。1936 年 10 月,在广州、上海、汉口、汕头、南京、青岛、杭州等城市都有了廉租房之后,迫于上级要求和舆论压力,北平市政府才开始筹备建造平民住宅。

北平市政府财政没钱,时为冀察政务委员会委员长的宋哲元将军从军费里拨出 3 万元,要求北平市长秦德纯"选择相当地点,建设平民住宅,俾贫苦无依者得免流离失所,而便栖止"(1936 年 10 月 25 日《北平晨报》第六版),兴建廉租房的计划才正式提上日程。

为了省钱,北平市政府在 1937 年 4 月公开招标,一家名为"兴华木厂"的建筑商以 26988 元的最低报价竞标成功,开始在市政府的规划下动工兴建廉租房,当年 7 月份全部完工。在建筑技术相对落后的民国时期,这已堪称神速。

北平的廉租房建成不久,北平就沦陷了。这个廉租房小区由日伪政府接管。1937 年 10 月,日伪政府颁布《北平市平民住宅管理规则》,对廉租房租金和申请入住的条件均作出详细规定,还派了一名管理员去做该小区的唯一一物业顾问,负责招租、收租、清洁卫生以及维持秩序。

与广州的筒子楼式廉租房不同,北平的廉租房全是单层瓦房,共分 14 排,北面 8 排,南面 6 排,每排瓦房两端各有一个公共厕所。每间瓦房前后均安装玻璃窗,内墙四壁刷有白灰,通风与采光还可以。按照日伪政府的规定,每间瓦房每月租金为法币 6 角。

该廉租房小区的具体位置为天桥南大街忠恕里以南,也就是现在北京自然博物馆的南侧,与说相声的德云社总部隔街相望。

来源:遍历一下历史上的廉租房.历史大小事.https://baijiahao.baidu.com/po/feed/share?wfr=spider&for=pc&context=%7B%22sourceFrom%22%3A%22bjh%22%2C%22nid%22%3A%22news_3156324657214336260%22%7D(李开周.南京民国时民居).

新中国成立后，我国在各种政策制度建设上，全面学习苏联，其中也包括我国的住房制度设置。吸取社会主义国家的经验，我国的住房制度采取的是城镇土地国有，城镇住房全面实施公有制，城镇居民住房按"需"（家庭人口）分配，低价格租赁的"公有住房分配"制度。这种"住房公有、分配供给"基本指导思想的确立是建立在新中国成立初期我国经济基础一穷二白、台海关系持续紧张、美苏两大阵营"冷战"不断升级的国际、国内形势大背景之下的。在初期"左倾"、"冒进"思想的支配下，我国经济发展模式采取的是"重积累、轻消费"，"低薪金、'高'福利"政策，强调的是"独立自主，自力更生"，"艰苦奋斗、不屈不挠"的奋斗与奉献精神。

在"公有住房"制度下，城镇公有住房的建设主体为城镇全民所有制、集体所有制企事业"单位"。建设资金理论上来自于各"单位"向上级主管部门申请的建房专项资金拨款。按照制度设计，各级地方政府或中央直属机构应制定"住房建设计划"，并规划有专项住房建设资金，即有计划的公有住房建设。

但是，在"先生产，后生活"的"左倾"思想指导下，我国经济不但没有实现如"战后经济奇迹"、"战后城市重建热潮"那样的"工业革命"和"经济腾飞"，反而在"大跃进"、"大炼钢铁"和"文化大革命"运动中，走向国民经济大面积滑坡，经济发展濒临崩溃的边缘。而全国各城镇"单位"的公有住房建设问题，一方面因在主流意识形态上，被批判为小资产阶级享乐主义，而捆缚住了手脚；另一方面，也是最根本的，是因为各地经济发展停滞，国家、地方无力支撑住房建设资金的持续投入。

在城镇住房新建方面，北京、上海是两个极端典型。一个作为国家政治、经济、文化中心，集中了大量政府机构、教育设施等，为解决自身职工居住问题，各国家单位纷纷"跑马圈地"，围绕工作地附近，建设形成了大量"单位办社会"，"大院式"、"宿舍院"式的特殊住区形态。例如，北京西郊的部队大院，如空军大院、海军大院，高等院校的校园内家属区，如清华大学校园北区，国家和市属机关宿舍大院，如建设部大院等。

和首都国家机构集中，住房建设资金拨款相对到位、充足相比，上海要解决或部分解决城市居民居住问题，相对就要更伤脑筋一些。

上海原本就是中国近代民族工业的中心，中国近代工业的发源地。1949年后，在苏联模式影响下，提出"通过增加产业工人数量，把畸形的消费型城市转变为生产型城市"，加上"低工资、高就业"的经济政策，产业工人数量连年增长。上海作为新中国重要的工业基地，聚集了大量的产业工人，其中仅纺织工人就有四、五十万之多，他们的居住环境普遍很差。在社会主义建设时期，工人阶级被视作是实现工业化生产和城市建设的主力军，社会地位很高，所谓"工农兵学商"，"工"作为老大哥位列首位，但是，当时工人的实际生活待遇却普遍较低。

经过新中国成立后短暂的经济恢复，毛泽东即作出"必须有计划地建筑新房，修理旧房，满足人民需要"的指示，住房重建计划逐渐被人民政府提到议事日程上来。"建造住房"首先是关于"为哪个阶级服务"的问题。因此，缓解上海城市住房压力，不但是20世纪50年代建造工人住宅的目的之一，更重要的是，作为无产阶级政党的新政权，必须通过实际行动，即为工人建设住宅新村，来履行"工人阶级当家作主，依靠工人阶级建设社会主义城市"的政治承诺。

1950年，根据中央的指示，上海市市长陈毅指出："目前经济情况开始好转，必须照顾工人的待遇和福利。"20世纪50年代初，上海市所确立的市政建设的方针就是：为生产服务，为劳动人民服务，并且首先为工人阶级服务。

在此背景下，曹杨新村"1000 户"工人住宅（实际建造 1002 户，即曹杨一村）和"两万户"住宅先后应运而生。曹杨新村算是先行试点单位，曹杨新村之后，上海又在沪东、沪西两个工业集中分布区建设了多个工人新村，诸如鞍山新村、江宁新村、大连新村等，即后来被称为"老公房"的上海第一批新建公有住房[①]。它们普遍使用面积较小，且多户合用厨房、卫生间。

之后，闵行一条街、张庙一条街以及蕃瓜弄改造建设——所谓"两街一弄"再次成为 50 ~ 60 年代全国工人住宅建筑的新样板。

此时正值"大跃进"高潮时期，闵行一条街的建设仅仅用了 78 天，创造了"一天一层墙，两天一层楼"的闵行速度，成为"新上海"的一张名片。之后，上海即仿照闵行一条街又建设了张庙一条街，以解决上海钢铁厂、上海铁合金厂等职工及家属的住房需求[②]。闸北

---

① 曹杨新村是郊区型花园式规划的居住区，这是国内以政府为主导的大型城市公共住宅建设的首例。此后，在上海乃至全国都开展了一场大规模的工人新村建造运动。然而，就解决广大工人阶级的住房困难来说，曹杨新村的"1000 户"，甚至"两万户"也是杯水车薪，不仅建筑数量有限，而且限于国家经济条件，住房面积也很有限，通常一户也就十余平方米，一层四、五户，合用卫生间以及厨房。

　　尽管如此，曹杨新村的建成可以说是新中国工人翻身做主的标志。1952 年 4 月曹杨新村工程竣工，中央人民政府委员陈嘉庚参观后，写信给周恩来说："其优待工人之建设，可谓现代化矣。工人地位既已提高，此后待遇生活必较优于过去，当不在商贾职员之下。"

　　来源：1949 年以后上海市民住宅变迁. 网易新闻. http://news.163.com/15/0407/09/AMJC5QIT 00014AED.html. 2015.04.07（东方早报（上海））

② 1957 年，上海提出有计划地在市区的边缘地带和郊区辟建卫星城镇，闵行卫星城是第一个试点。当时闵行的定位是一座以电站设备工业为特色的卫星城镇。区域内有上海电机厂、上海重型机器厂等国有企业，这些职工及其家属大多居住在距离厂不远的闵行老镇。后来，随工厂集聚效应的显现，老镇人口猛增，简陋的基础设施难堪重负。于是，为解决闵行各大企业职工及家属住房困难问题，建设配套生活区又成为一项市政建设的任务。

　　相较于 20 世纪 50 年代初，这一时期国家经济稍好，投入增多，住宅建设条件有所改善。此时，工人住宅面积有所增加，已经达到一户 20 余平方米，而且各户有独立卫生间。如果说 1950 年代工人新村主要是解决工人无房可居问题的话，这一时期则采用"一条街"的建筑结构——底层商铺，上面住宅，还设有街心花园，除了满足居住要求外，还努力满足周边群众购物、娱乐、休闲等需求，已初具"社区"雏形了。

　　在建筑形式上，1950 年代工人新村多采用中式坡屋顶，而"两街一弄"采用的是平顶，反映出当时国内建筑界受到了国际现代主义建筑思潮的影响。来源：1949 年以后上海市民住宅变迁. 网易新闻. http://news.163.com/15/0407/09/AMJC5QIT00014AED.html（2015.04.07）（东方早报（上海））

棚户区的蕃瓜弄改造则是这一时期国内棚户区改造的代表[1]。在这些住宅建设项目中，住户居住条件虽仍不宽裕，但普遍注重城市配套服务设施的配建，在居住环境上较以前有了很大改善，现代居住住区规划模式初见雏形[2]。

之后，持续 10 年之久的"文化大革命"，更是在国民经济发展上雪上加霜，一路向"左"的经济政策和人口政策，造成的损失不但是我国经济发展"失去的十年"，更是城镇建设停顿甚至大步后退的十年。住房投资严重不足导致全国主要城市都面临住房严重短缺的困境。1978 年和 1950 年相比，人均居住面积由 4.5m^2 下降到 3.6m^2，缺房户 869 万户，占当时城镇总户数的 47.5%[3]。

面对上述情况，中国体制改革的总设计师邓小平于 1978 年打破体制束缚，提出了从根本上改革中国住房供给制度的建议，改原来的"住房公有制分配"，为"住房市场商品购买"。在制度初步设置之后，即在全国 4 个中小城市进行了试点，并以此为基础，逐步扩大试点

---

[1]　蕃瓜弄位于上海闸北区中部，是旧上海典型的棚户区。新中国成立后，这里的住户多是运输工人、纱厂女工等，人口多，卫生环境差，上海市人民政府即对此情况安排改建。

对于蕃瓜弄，规划部门曾考虑过 3 种方案：一是辟为绿地；二是改作仓库堆场；三是改建居住街坊。从其所处位置来看，这里改为绿地最为理想，但是考虑到需要另找地方安置原来的居民等问题，最终决定改建居住街坊，原地安置拆迁户。于是，这里采用街坊布局，即所谓"七坊八街"。

住宅设计人均居住面积为 3.5 ~ 4.0m^2，每户在 30m^2 上下，两户或三户合用厨房及卫生间。社区配套建设有底层商店、托儿所、烟纸店、公共浴室以及老虎灶（卖开水的小铺）等。来源：1949 年以后上海市民住宅变迁. 网易新闻. http://news.163.com/15/0407/09/AMJC5QIT00014AED.html（2015.04.07）（东方早报（上海））。

[2]　"两街一弄"之后，上海最具代表性的工人住宅建设是建于 1973 年的金山石化新村、建于 1978 年的宝钢新村。这两处也是应宝山钢铁厂和金山石化厂的需求而建的。宝山钢铁厂和金山石化厂都是在引进国外先进技术下建成的新型工业基地，两个都在郊区，距离工人居住的市区较远。为了解决工人的通勤和居住问题，上海市政府在工业区附近兴建住宅区，并且以居住面积大、建筑质量高吸引工人前往定居。来源：1949 年以后上海市民住宅变迁. 网易新闻. http://news.163.com/15/0407/09/AMJC5QIT00014AED.html（2015.04.07）（东方早报（上海））。

[3]　来源：1978 年中国城市人均居住面积比 1950 年下降多少. 凤凰历史.http://news.ifeng.com/a/20170416/50947801_0.shtml（2017.04.16）（黄小凡. 从分房到买房：新中国的居住革命. 安徽日报（农村版）. 2017）。

城市数量到 10 个大中城市。至 1998 年出台《关于进一步深化城镇住房制度改革，加快住房建设的通知》（国发［1998］23 号），全国正式全面终止住房实物分配时，住房制度改革的试水已经磕磕绊绊地走过了 20 个年头。在这 20 年间，实行的是商品房交易与福利分房并行的过渡制度[①]（表 2-1）。

表2-1　我国公有住房实物分配制度的改革经过

阶段	年代	施政经纬
准备	1978	城市住房供给不足矛盾愈发突出
	1980	邓小平提出"公有住房实物分配"的改革
试行	1982	试行公有住房"出售"（常州等部分城市试点）
实施	1988	公有住房"提租补贴"、"公房出售"（全国）
	1991	国家、单位、个人共同分担新建住房建设费用
	1994	面向低收入家庭提供"经济适用住房"，"住房公积金"制度的设立
实物分配停止	1998	"公有住房实物分配"停止，面向高收入家庭提供"商品住宅"
	1999	中央机关"公有住房实物分配停止"

注：依据我国公有住房实物分配制度改革的相关政策法规做成。

我国的住房商品化工作分两个方面推进：

一个就是对既有存量公有住房（主要是老旧住房）的私有化。政府通过作价，将房屋产权转让给房屋的既有承租家庭，由于在确定价格时要通盘考虑承租人的工龄、职称、家庭情况等，并计分折算，因此，转让价格普遍较低。

另一个就是将新建住宅逐步推向市场，允许城市居民出资全额购买。以上海为例，上海最早允许私人购置的住房是复兴公园附近

---

① 1987 年 12 月 1 日，中国首次以公开拍卖的方式有偿转让国有土地使用权，原深圳房地产公司总经理骆锦星举起 11 号牌，赢得中国土地"第一拍"，后来深圳房地产公司在竞得的这片土地上修建了东晓华园。

的雁荡大厦。这是上海第一批在批租土地上建造的"侨汇房",专门针对归国华侨,要求必须以外币购置。之后,又出现了不要求华侨身份,但要求以外币购置的"外汇房"。不久后上海房地产市场完全开放,"商品房"走进了上海市普通市民生活[①]。

1998年7月3日,在总结20年的住房改革经验的基础上,国务院办公厅发布了《关于进一步深化城镇住房制度改革,加快住房建设的通知》(国发〔1998〕23号),提出"停止住房实物分配,逐步实现住房分配货币化",并明确在1998年下半年开始全面停止住房实物分配。我国自1949年即开始实行的"公有住房分配"制度,终于在运行了50年后,于世纪之交画上了历史的句号。

(二)城市普通住房补贴设计

在住房分配制度设计之时,对于住房实物政府分配退出之后,如何体现社会主义公有制制度的福祉优越性,中央是有着具体的措施和考量的。

在计划经济、公有住房实物分配时期,建房资金来自于国家对以"单位"为单位的建设资金拨款;建房土地为政府批租,无偿使用;而且由于其"福利"性质,在建房过程中还享有减免各类契税、城市设施配套费等优待。因此,此时期的城市住房建设,对于各级政府、部门来说是资金、资源的单向净支出,采取的是国家通过建房"单位"对城市居民的住房"暗补",也即"实物补贴"、"补砖头"。

虽然,在住房持有形式上,城市居民是以从"单位"、"城市房屋管理机构"租赁的方式,获得房屋居住权,但是,由于我国的低房租政策,房屋租金始终在低位徘徊,就连正常的房屋维护、修缮费用都难以为继,更别说收回房屋建设投资成本了。

---

① 1949年以后上海市民住宅变迁. 网易新闻. http://news.163.com/15/0407/09/AMJC5QIT00014AED.html(2015.04.07)(东方早报(上海))。

因此，在公有住房分配制度实施多年后，城市公有住房建设、运营不但没有实现预期的良性、可持续发展，反而跌进了一个资金"黑洞"。再加上新中国成立后历次"运动"，国民经济濒临崩溃的边缘，城市住房建设资金池的枯竭在所难免，公有住房分配制度也愈发显得积重难返了。

1978 年邓小平提出对既有住房体制的改革，其中最重要的就是终止这种建房资金补贴、运作模式，由以前的公共资金、资源的"暗补"，转为对城市普通居民个人的"明补"，即货币补贴。这样，不但可以保持社会主义公有制的"住房福利"优越性，同时，还可以让城市居民更直观地领会到国家住房福利政策的好处。最为重要的是，如此可以解决城市住房建设资金来源的核心问题。

在参考国外住房制度建设经验，尝试了多种住房改革探索后，我国政府提出了建立城市居民"住房公积金制度"的建议。

住房公积金制度是指由职工所在的国家机关、国有企业、城镇集体企业、外商投资企业、城镇私营企业、其他城镇企业、事业单位以及职工个人被强制性缴纳并长期储蓄的住房基金，并用它支付日后职工家庭购买或自建自住住房、私房翻修等住房费用的制度[①]。

1991 年 5 月，上海市借鉴新加坡公积金制度经验，以建立住房公积金筹集专项住房资金为突破口，成为国内首个尝试确立"公积

---

① 2016 年中国人民银行、住房和城乡建设部、财政部印发《关于完善职工住房公积金账户存款利率形成机制的通知》（银发〔2016〕43 号），决定自 2016 年 2 月 21 日起，将职工住房公积金账户存款利率，由现行按照归集时间执行活期和三个月存款基准利率，调整为统一按一年期定期存款基准利率执行。

1996 年以来，遵循"低来低去、保本微利"的原则，职工住房公积金账户存款按照归集时间区分利率档次，当年归集和上年结转的分别按活期存款和三个月定期存款基准利率计息。目前分别为 0.35% 和 1.10%。此次调整后，职工住房公积金账户存款利率将统一按一年期定期存款基准利率执行，目前为 1.50%。来源：住房公积金制度 . 百度百科 . http://baike.baidu.com/link?url=AHoSPEEXVpLr5zevf9kYvmHpHSbiQadN-eb0JhA3eus2m_q8dInI-z_4z8rSzx2f_o3-YpfBecJo5EDlA_aiP4QlWfYcFPxKBngyE2sigNfrmWeiG_wh1hDR1LzDi2YLlBxb4mitO6weY1HQXpL2zTxdWlUas3SMt7tv2GVzuIK。

金制度"的城市。

当时,为了鼓励职工买房,实现自"住"其力,体现个人对住房消费应有的合理负担,采取了个人工资扣缴 5%,供职单位同时对称出资另一半的设置。由于个人扣缴占工资比例较低,不至于影响职工基本生活,并且单位同时出资,职工受益,因此为当时上海职工普遍接受,取得了成功。

1994 年 7 月,国务院颁布《国务院关于深化城镇住房制度改革的决定》,肯定了住房公积金制度在城镇住房制度改革中的重要作用,并要求在全国县级以上城镇企事业单位全面推行。

1998 年 2 月,《关于进一步深化城镇住房制度改革,加快住房建设的通知》(国发〔1998〕23 号)颁布。公积金制度作为我国住房深度改革、新型住房体系建设的重要组成部分,要求:"全面推行和不断完善住房公积金制度。到 1999 年底,职工个人和单位住房公积金的缴交率应不低于 5%,有条件的地区可适当提高。要建立健全职工个人住房公积金账户,进一步提高住房公积金的归集率,继续按照'房委会决策,中心运作,银行专户,财政监督'的原则,加强住房公积金管理工作。"

由此,我国"住房公积金制度"走上了正轨。

"住房公积金制度"通过由职工、"单位"分别按照职工工资的一定比例,逐月强制缴存的方式,为职工家庭住房消费提供法定资金保障和储蓄积累,并在参缴职工之间形成互助性融资机制,成为我国住房保障体系不可或缺的重要组成部分,为广大职工在住房市场体制下实现自"住"其力,发挥了重要的政策性住房融资作用[1]。

---

① 住房公积金制度 . 百度百科 . http://baike.baidu.com/link?url=AHoSPEEXVpLr5zevf9kYvmHpHSbiQadN-eb0JhA3eus2m_q8dInI-z_4z8rSzx2f_o3-YpfBecJo5EDlA_aiP4QlWfYcFPxKBngyE2sigNfrmWeiG_wh1hDR1LzDi2YLlBxb4mitO6weY1HQXpL2zTxdWlUas3SMt7tv2GVzuIK。

（三）低收入阶层的实物补贴制度设计

20世纪70、80年代，我国的住房制度改革逐步开展、深化。在停止既有住房"实物分配"的基本原则下，城市中那些家庭经济收入低、住房面积狭小或无住房家庭的居住生活条件如何提升的问题，在改革之初即摆在我国领导人的面前。在住房货币化的同时，给上述人群留一个住房实物供给的特殊专门渠道，是当时以邓小平为首的改革者为城市低收入阶层解决住房困难问题的基本思路，即"为城市中等收入以上家庭提供商品住房，为低收入家庭提供经济性、低租金住房"的双轨制运行制度。

在我国正式政策文献中，较早出现"住房保障"概念的是1985年国家科委的蓝皮书——"城乡住宅建设技术政策要点"，它提出"根据我国国情，到2000年争取基本上实现城镇居民每户有一套经济实惠的住宅"。

1991年6月，国务院在《关于继续积极稳妥地进行城镇住房制度改革的通知》（国发[1991]30号）中提出"大力发展经济适用的商品住房，优先解决无房户和住房困难户的住房问题"。

1994年，国务院在《关于深化城镇住房制度改革的决定》（国发[1994]43号）中，推出了"国家安居工程"的实施方案，并首先以高校教师、离退休人员为对象，落实建设以"安居工程"为主要形式的经济适用住房，首次尝试解决低收入家庭住房保障问题。

1995年，国务院住房制度改革领导小组制定了《国家安居工程实施方案》（1995年1月20日国务院住房制度改革小组发布），并从当年开始实施。在1995年原有住房建设规模的基础上，新增安居工程建筑面积1.5亿 m^2，计划用5年左右时间完成。根据政府维持、单位支持、个人负担的开发原则，1995年国家安居工程建设规模确定为1250万 m^2，约需建设资金125亿元。其中，国家在固定资产贷款计划中，安排贷款规模 50 亿元，由国家专业银行提供贷款，其余资金则由地方自筹解决。安居住房建成后直接以成本价向中低收入家庭出售，并优先出售给无房户、危房户和住房困难户；在同等条件下，优先出售给离退休职工、教师中的住房困难户。

1998 年 7 月，国务院发布《关于进一步深化城镇住房制度改革，加快住房建设的通知》（国发 [1998]23 号）。在该文件中，明确指出"深化城镇住房制度改革的目标是：稳步推进住房商品化、社会化，逐步建立适应社会主义市场经济体制和我国国情的城镇住房新制度"。

依据上述文件，要"建立和完善以经济适用住房为主的住房供应体系"，一方面需要"对不同收入家庭实行不同的住房供应政策。最低收入家庭租赁由政府或单位提供的廉租住房；中低收入家庭购买经济适用住房；其他收入高的家庭购买、租赁市场价商品住房。"另一方面，还要"调整住房投资结构，重点发展经济适用住房（安居工程），加快解决城镇住房困难居民的住房问题"[①]。此外，上述文件中还指出："廉租住房可以从腾退的旧公有住房中调剂解决，也可以由政府或单位出资兴建。廉租住房的租金实行政府定价。""购买经济适用住房和承租廉租住房实行申请、审批制度。"

至此，我国城镇居民住房问题的多层次住房供应体制就以国家基本住房政策的形式被最终确立了下来。

---

① 依据 1998 年国务院 23 号文："新建的经济适用住房出售价格实行政府指导价，按保本微利原则确定。其中经济适用住房的成本包括征地和拆迁补偿费、勘察设施和前期工程费、建安工程费、住宅小区基础设施建设费（含小区非营业性配套公建费）、管理费、贷款利息和税金等 7 项因素，利润控制在 3% 以下。要采取有效措施，取消各种不合理收费，特别是降低征地和拆迁补偿费，切实降低经济适用住房建设成本，使经济适用住房价格与中低收入家庭的承受能力相适应，促进居民购买住房。"来源：《关于进一步深化城镇住房制度改革，加快住房建设的通知》（国发［1998］23 号）

三、中央政府廉租住房制度发展与实施效果

本书搜集整理了自 1998 年以来，我国中央政府（国务院、中央部委等）颁布的有关廉租住房的相关政策法规文件，并按照文件级别、颁布时间、主要内容等汇总成表，根据该表中政府部门对廉租住房制度的推行力度，将 1998 年后我国廉租住房制度的发展主要划分为酝酿期、整顿期、推行期，共 3 个历史阶段（表 2-2）。

（一）酝酿期（1998 ～ 2004 年）

1998 年底，中央明确了要建立以廉租住房解决城市最低收入家庭住房困难问题的住房保障大方向。之后，全国各地随着房地产市场的日益成熟，商品住宅的建设发展一日千里。但是，时隔 7 年之后，截至 2005 年，依据住建部相关管理部门的调查统计，由中央部委颁布的廉租住房配套政策屈指可数，中央、各地方推进廉租住房制度建设的热情并不太高（表 2-3）[①]。

表2-3　廉租住房政策实施状况（至2005年）

	城市总数（个）	出台配套法规城市（个）	实施相关政策城市（个）
全国	291	169（58.1%）	221（75.9%）
东部地区	101	78（77.2%）	88（87.1%）
中部地区	102	56（54.9%）	76（74.5%）
西部地区	88	35（39.8%）	57（64.8%）

注：本表依据住房和城乡建设部、国家发改委、财政部关于印发2009—2011年廉租住房保障规划的通知（建保[2009]91号）制作而成。

至 2005 年底，全国共有地级以上城市 291 座，其中，已出台廉租住房配套措施的城市仅有 169 座，占总数的 58.1%，勉强超过半数。

---

① 来源：建设部通报城镇廉租住房制度建设和实施情况 [S]. 建住 [2006]63 号 . 2006.

表2-2　廉租住房政策变化（中央部委）

发展阶段	1998	1999	2000	2001	2002	2003	2004	2005	2006	2007	2008	2009年
				酝酿期					整顿期		推行期	
国务院通知	关于进一步深化城镇住房制度改革加快住房建设的通知						关于切实稳定住房价格的通知		转发建设部等部门关于调整住房供应结构稳定住房价格意见的通知	关于解决城市低收入家庭住房困难的若干意见		关于促进房地产市场健康发展的若干意见
部委政令			城镇廉租住房管理办法			城镇最低收入家庭廉租住房管理办法				廉租住房保障办法		
部委通则							城镇廉租住房租金管理办法等3部通则	建设部通报城镇廉租住房制度建设和实施情况等5部通则	廉租住房保障资金管理办法等4部通则		关于加强廉租住房质量管理的通知等2部通则	2009—2011年廉租住房保障规划
保障对象	最低收入	同左							同左	低收入	同左	同左
保障方式	实物配租	同左				同左 租金补贴（主） 实物配租（辅） 租金核减（辅）			同左	租金补贴 实物配租	实物配租 租金补贴	同左
保障标准			地方政府制定			<当地人均住房面积的60%				建筑面积<50m²		建筑面积13m²/人 建筑面积<50m²
住房来源	原公房 新建 捐赠 购置 其他渠道					以现有旧房为主、限制 集中兴建				新建 原公房 购置 捐赠 其他渠道		新建 购置 改造等

注：本表根据1998～2009年国务院、中央部委公布的廉租住房相关法规制作而成。

由于我国各地经济水平、城市化水平、工业化水平的差异，由东至西，对廉租住房制度建设的积极性、热度也逐渐减小。

由此可见"住房保障"制度在我国各地推进的艰巨性和紧迫性。其中，经济问题——建设资金、维护运营资金、税收损失、土地资源等，城市最低收入、住房困难家庭的界定、平衡等，住房保障的管理、经营、监管等，整体看还处于含混不清、左右徘徊的阶段。这种摸着石头过河的懵懂、探索和举棋不定恰恰主要反映于中央管理层面。

1998 ~ 2005 年间，由国务院、中央部委颁布的廉租住房相关法令仅有 1999 年的《城镇廉租住房管理办法》（1999 年建设部令第 70 号）、2004 年的《城镇最低收入家庭廉租住房管理办法》（2004 年国家税务总局令第 120 号）2 部。在制度建设的法令、法规文件颁布密度、深度以及体系性、全面性上，都要明显地远远落后于对市场经济宠儿——商品住房的关心热度。

（二）整顿期（2005 ~ 2007 年）

2005 年后，全国房地产价格高涨，为稳定价格，国务院重提住房保障的重要性，督促各地加大对廉租住房的建设规模。随之，在 2005 ~ 2007 年的短短 3 年间，国务院、各中央部委密集出台了多项法令、法规，下达多项通知。

2005 ~ 2007 年，国务院连续发表稳定房地产市场价格、推进廉租住房建设的国务院通知 4 部；住建部颁布法规《廉租住房保障办法》（2007 年住建部等九部委令第 162 号）；住建部等中央部委连续下发各项通知 10 余部。

上述法令、规章的颁布在短期内弥补了前期在廉租住房制度建设上的不足，在国家政策法规层面，为廉租住房的建设、运营的资金、技术监管奠定了法律基础。

（三）推行期（2008年至今）

2008年，国际金融危机蔓延。受国外经济形势影响，我国经济发展也面临着刺激或紧缩的两难抉择。为了扩大内需，拉动国内经济，中央财政计划在2009～2011年投资8000亿元人民币，加强保障性住房，包括廉租住房的建设，廉租住房制度开始进入实际"推行期"。

依据住建部的调查统计，至2005年底，全国受益于廉租住房制度的保障家庭仅33万户，4个直辖市的保障覆盖范围占总人口的比例均尚不足1%，涵盖面微乎其微。

2007年，中央将保障对象由原来的城市"最低收入家庭"扩展到城市"低收入家庭"，同时，计划在2009～2011年，新增廉租户709.08万户[1]。但是，与日益庞大的城市"户籍总数"[2]相比，增加量仍旧微不足道（表2-4）。

表2-4　廉租住房保障情况（2005～2011年）

	2005年			2009～2011年新增廉租户（万户）
	廉租户（万户）	全市户籍户数（万户）	与全国户籍户数的比率	
全国	32.86			709.08
北京	1.44	451.7	0.32%	3.3
上海	4.51	496.69	0.91%	4.8
重庆	0.39	1010.41	0.04%	24.1
天津	2.66	335.1	0.79%	11.2

注：保障方式：实物配租、租赁补贴、租金核减、其他。

我国廉租住房制度的最初保障方式主要是"实物配租"，即向低收

---

[1]　来源：住房和城乡建设部，发改委，财政部关于印发2009—2011年廉租住房保障规划的通知 [S]. 建保 [2009]91 号 .2009.

[2]　在此统计中，仅包括拥有相应城市户籍人口，大城市，特别是北上广深这样的特大城市的大量外来人口、住房情况未被计入其中。

入住房困难家庭配租相应面积、户型的普通住房。但是，由于住房制度改革后，各城市执行"公有住房"出售政策，绝大多数"公有住房"已经相应出售给既有住房的承租家庭，因此，各城市既有廉租住房的实物房源在不同程度上均已告罄；而新建住房用于廉租住房实物分配，各地政府又苦于资金来源渠道少，筹措难，难以具体落实实施。因此，实物分配难的问题很快就由各地反馈至中央，各地的廉租住房保障方式也很快由"实物配租"为主转为以"租金核减"为主的"货币补贴"方式（图2-2）。

2007年后，中央为了稳定房地产价格，扩大各地廉租住房制度保障覆盖范围，根据各地公有住房储备的情况，提出廉租住房的保障方式应"以实物配租为主"，同时，可结合"货币补贴"方式（图2-3）[①]。

但是，由于廉租住房制度鲜明的福祉、保障特点，注定了它目前在各地必须是以经济投入为中心的。因此，如何才能维持廉租住房制度的良性运转，这应是廉租住房制度可持续发展的关键。可惜，目前看来尚存在很多不足。

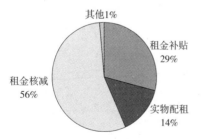

图2-2　全国廉租户保障方式（至2005年底）

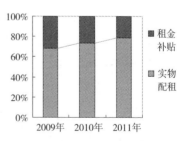

图2-3　2009～2011年全国新增廉租户保障方式的构成

---

① 来源：住房和城乡建设部，发改委，财政部关于印发2009—2011年廉租住房保障规划的通知 [S]. 建保 [2009]91号 .2009；国务院办公厅关于促进房地产市场健康发展的若干意见 [S]. 国办发〔2008〕131号 .2008.

四、地方政府（上海市）廉租住房制度发展与实施效果

（一）制度发展

上海作为我国近现代工业发展的中心，城市人口多、住房难的问题一直非常突出。1998年前，上海市职工住房难的问题主要是依靠各自的"单位"来解决的（表2-5）。

与在政策"酝酿期"，国家审慎出台廉租住房相关政策、法规不同，1998年后，上海市就在全国率先连续出台多个专项通则，具体落实上海市最低收入、住房困难家庭的廉租住房保障办法、实施细则，包括上海市政府通则2部，上海市行政主管部门通则10余部。这与其他地方在此问题上的"左顾右盼"形成了鲜明的对比，上海市较早即已经建立起了城市廉租住房制度，力图解决城市低收入家庭的住房困难问题。

在2005年以前，上海市廉租住房制度的保障方式是以"租金补贴"为主的。因政府可以支配、控制的"老公房"房源所限，上海对廉租住房的"实物配租"有着极其严格的限定，要求配租对象家庭必须是最低收入、住房困难家庭中的孤老、残疾等极少数家庭，"实物配租"受益面小之又小。根据住建部调查统计，至2005年底，上海市全市共有廉租户4.51万户，仅占全市户籍家庭总数的0.91%，而在这不足1%的受惠家庭中，能够获得"实物配租"的家庭数量仅为311户，占所有廉租户的0.69%，户籍总数的0.01%[1]，真正可谓"屈指可数"。

2005年以后，中央开始连续出台保障性住房、廉租住房相关政策、法规。而在同一"整顿期"，上海市政府仅出台1部相关通则，行政

---

[1] 建设部通报城镇廉租住房制度建设和实施情况 [S]. 建住 [2006]63 号 .2006.

表2-5 廉租住房政策变化（上海市）

发展阶段	1998	1999	2000	2001	2002	2003	2004	2005	2006	2007	2008	2009年
			酝酿期				整顿期				推行期	
地方政府通则	关于进一步深化本市城镇住房制度改革的若干意见		上海市城镇廉租住房试行办法				贯彻国务院关于解决城市低收入家庭住房困难的若干意见的实施意见				上海市解决城市低收入家庭住房困难发展规划（2008—2012年）	
主管部门通则	上海市城镇廉租住房试点实施意见等2部通则			上海市关于加强城镇廉租住房配租管理的意见等3部通则		关于适用享受廉租住房政策重点优抚对象等2部通则	关于本市扩大廉租住房受益面的实施意见等2部通则	关于进一步规范廉租住房管理的通知			上海市住房建设规划（2008—2012年）等3部通则	
保障对象	最低收入 居住面积<5m²/人			同左		最低收入 居住面积<7m²/人				低收入	同左	
保障方式	实物配租（孤老、残疾等）租金配租 20~40元/m²月			同左	同左 实物配租（6万元/户）	实物配租（孤老、残疾、劳模、烈属）8万~10万元/户 租金配租（24~48元/m²月）				租金补贴（主）实物配租	同左 实物配租（孤老、残疾等）居住面积<4m²/人	
保障标准	居住面积7m²/人									套型面积50m²	同左	
住房来源	收购 认定 捐赠 其他									新建 收购 改建 捐赠等	转化 收购 新建 配建 改建	

注：本表根据1998~2009年上海市政府、上海市行政主管部门发布的廉租住房相关法规制作而成。

主管部门也仅配套 1 部通则。上海市政府在推进、落实中央廉租住房政策上的犹豫、迟缓可见一斑。

至 2007 年底，上海市根据国务院精神，提出要提高"实物配租"比率，要求各区加大廉租住房"实物配租"供给数量，实现"实物配租"最低收入家庭占廉租户总量 30% ~ 40% 的总目标。但是，"货币补贴为主，实物配租为辅"的基本原则仍未根本改变。

（二）政策实施效果

1. 调查概要

2008 年 11 ~ 12 月，同济大学曾对上海市宝山区呼玛、通河地区的廉租户进行了户内居住行为的实态调查（图2-4、图2-5）。

调查采用照片拍摄、平面绘制、访谈等方式，内容包括家庭基本情况、住房情况以及生活行为、行为空间满意度、存在问题等（表2-6）。

图2-4　住区环境

★ 市中心　● 调查地

图2-5　调查地点

表2-6　调查内容

	调查内容
家庭基本情况调查	人口构成、职业、收入等 ……
住房情况调查	以前住房情况、搬迁原因、产权所有、租金等 政策补贴金额、搬家意愿等 ……
生活行为调查	就餐情况（日常位置、来客款待位置等） 待客情况（位置、频度等） ……
行为空间评价调查	就餐空间满意度与就餐行为重要度（5分制） 待客空间满意度与待客行为重要度（5分制） ……

　　上述地区建于1995年前后，是配合上海老城区基础设施改造建设的动迁安置区。虽然当时已经按照动迁户原有住房面积、人口构成等进行了住房分配，但由于多年后添丁进口、结婚生子等原因，部分低收入家庭人均居住面积下降，最终转变为廉租住房制度的保障对象。

（1）调查对象

本次共调查了68户。其中多代居、大家庭明显比例较高；主干户、联合户等3人以上家庭占47.1%；29.4%为5人以上家庭；3代同堂占41.2%（表2-7）。

表2-7 家庭构成

	3人	4人	5人	6人	小计
核心户	32	4			36
主干户		8	8		16
联合户				8	8
其他户		4	4		8
小计	32	16	12	8	68

注：（1）表中单位：户。
（2）家庭构成类型定义：
核心户：一对夫妻和其未婚子女所组成的家庭；
主干户：一对夫妻和其一对已婚子女所组成的家庭；
联合户：一对夫妻和其多对已婚子女所组成的家庭；
其他户：核心户或主干户中包括1名未婚侄（外甥）亲属的家庭。

这些被调查家庭多数为单职工家庭，家庭收入在1000元／月以下。这些低收入家庭虽然家庭人口较多，但就业比例偏低，家庭总收入相对微薄（表2-8）。

表2-8 就业与月收入

月收入（元） 就业者	无收入	1～500	501～1000	1001～1500	>1500	小计
0人	20					20
1人			44			44
2人					4	4
小计	20		44		4	68

注：表中"月收入"为工作性收入，不包括城市最低生活保障金等救济性补助。
表中单位：户。

（2）住房产权

本次所调查的 68 户家庭，他们的住房产权所有情况相对差别较大，且居住现况形成的"来龙去脉"较为复杂（表 2-9）。

表2-9　住房产权所有情况

"老公房"租赁户	产权户	无房户	小计
40	20	8	68

注：表中单位：户。

该小区为 1995 年左右建设的城市基础设施建设配套动迁安置住区，住房最初的所有性质均为"公有住房"（上海简称"老公房"），入住家庭最初均为租赁性质，并不直接拥有住房产权。

1998 年后，随着上海市住房改革的深化，上海市政府将大量"老公房"折价出售给承租家庭。在所有调查事例中，只有 20 户家庭依据上述政策，陆续购买了租住的"老公房"产权，由"租赁户"转变为"产权户"。尽管如此，这 20 户拥有住房产权的家庭的人均居住面积仍旧达不到上海市最低人均居住面积标准，仍属于城市廉租住房制度的保障对象。

无论如何，在这些调查对象中，未购买"老公房"产权的家庭仍占多数。依据上海市相关规定，"老公房"房租低廉（50～90 元/月·户），可永久居住。最重要的是，按照上海市"老公房"出售的相关规定，"老公房"的承租人可随时优先折价购置。这些都保证了承租户对"老公房"的优先支配权，因此，很多低收入家庭权衡再三，反而并不急于拥有承租"老公房"的实际产权。

此外，另有 8 户家庭为落实政策，由外地迁返上海原籍的"外来户"。他们虽然因各种历史原因，户口落到了调查对象小区，但所居住"老公房"的承租人并不是家庭成员（或是长辈，或是旁系亲属等），自身既无住房，也未承租或折价购买到租金低廉的"老公房"，属于"无房户"范畴。

2. 保障情况

在本次调查中，调查住户均属于"租金配租"对象。在调查的68户中，60户"有房户"（"老公房"租赁户＋产权户）的套型建筑面积均在35～60m²之间，户型以"一室一方厅"（黑厅、过厅）为主（32户，占比47.1%）。所调查对象住宅均为20世纪末上海市设计、建设的典型单元式多层集合住宅，单元户型平面布局为"小厅大卧室"或"无厅大卧室"，每套可居住空间1～2个，普遍难以满足父母与子女"分室就寝"的卫生要求（表2-10）。

调查对象中，60户住房的居住面积与"人均居住面积7m²"的上海市配租标准，相差均在10m²以内。依据上海市相关规定，"补差面积不足10m²的，按每户补贴居住面积10m²"，"宝山区（每户家庭）每月每平方米居住面积补贴36元"，每户家庭实际获得"住房租金补贴"500元/月。

表2-10　户型与建筑面积

户型 ＼ 建筑面积		0（m²）	35～45（m²）	46～55（m²）	56～60（m²）	小计
无房户		8				8
有房户	1室		8			8
	1室1方厅		24	8		32
	2室			8		8
	2室1方厅			8	4	12
小计		8	32	24	4	68

注：表中面积为建筑面积，包括阳台面积，但不包括天井面积，或用天井改作房间的面积。
　　表中单位：户。

8户"无房户"则按照家庭人口的构成情况，分别获得了

760 ~ 1100 元 / 月不等的"住房租金补贴"。

按照上海市政策，发放"住房租金补贴"原是为了让廉租户能够另行租赁 1 间（补足差额面积）或 1 套住房（自身住房出租），让这些家庭通过这种方式，自行改善自身居住状况。

但是，根据调查发现，多数家庭在得到"住房租金补贴"后，对自身居住条件的改善非常有限（表 2-11），当然背后的原因是多方面的。

表2-11 居住条件改善情况

	保持原状	增租1间	增租1套	增租1套&原住房出租	小计
无房户			8		8
公房租赁户	36	4			40
产权户	12	4		4	20
小计	48	8	8	4	68

注：表中单位：户。

3. 增租意愿

在本次调查中，我们对"住房租金补贴"使用情况以及居住条件改善与否的原因和理由作了"深度访谈"。在访谈中反映出这些家庭的实际困难和问题，进一步让我们明白了城市住房保障是一项多层面、全方位、大综合的工作，需要统筹兼顾，细致入微地平衡各个方面的实际情况，不能单纯地归结为"补砖头"或"补租金"，而简单地"一分"或"一发"了之。

"附近 1 室户的房租至少要 1000 元以上，除了补贴款（500 元），还要自己加一半多的钱，我一个月收入（全家）只有 960 元，只够吃饭"，"房租便宜的地方都特别偏远，交通不方便不说，工作机会少，多数都没有中小学校等配套设施，到那种地方居住，小孩儿上学，大人工作、上下班等都非常成问题"，"我小孩儿小，我现在做这个小区的保洁员，上下班比较近，孩子上下学接送、做饭等家务事，自己还可以多照顾一些"（保持现状，图2-6）。

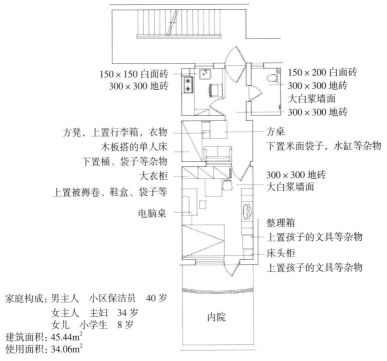

150×150 白面砖
300×300 地砖

150×200 白面砖
300×300 地砖
大白浆墙面
300×300 地砖

方凳，上置行李箱，衣物
木板搭的单人床
下置桶、袋子等杂物

方桌
下置米面袋子，水缸等杂物

大衣柜
上置被褥卷、鞋盒、袋子等

300×300 地砖
大白浆墙面

电脑桌

整理箱
上置孩子的文具等杂物
床头柜
上置孩子的文具等杂物

内院

家庭构成：男主人　小区保洁员　40 岁
　　　　　女主人　主妇　34 岁
　　　　　女儿　小学生　8 岁
建筑面积：45.44m²
使用面积：34.06m²

图2-6　调查事例（保持现状）

希望就地补差，却负担不起本地区普通住房房租；为了扩大住房面积，改善居住状况而全家搬迁，又会遭遇子女教育、本人就业等诸多现实问题。因此，维持现状就成了很多家庭无可奈何的选择。

此外，按照规定，"住房租金补贴"不能直接发放给廉租户，而应依据有效租房合同付给出租住房给廉租户的房主。但是，在本次调查中发现，被调查家庭虽全部领取了该项补贴，却并未悉数"增租住房"，改善自己的居住状况。本应是帮助廉租户扩大居住面积的"住房租金补贴"，并没有起到改善低收入、住房困难家庭居住状况的相应作用，而是被通过各种办法，转变为家庭经济收入来源之一，用于贴补日常生活的支出，多数成了不尴不尬的"摆设"。

"家里实在太小了，孩子没地方看书，所以才在附近租了3室户中的1间"，"因为是朋友，房租600元/月"，"只能让小孩儿学习、睡觉，不能做饭，吃饭还要回来"，"一个女孩，又太小，晚上，特别是冬天，吃完饭不敢回去，还在这边和我们一起挤着睡"（增租1间，图2-7）。

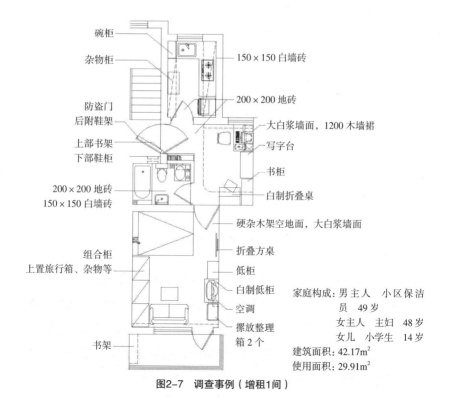

碗柜
杂物柜
150×150 白墙砖
200×200 地砖
防盗门
后附鞋架
上部书架
下部鞋柜
大白浆墙面，1200 木墙裙
写字台
书柜
白制折叠桌
200×200 地砖
150×150 白墙砖
硬杂木架空地面，大白浆墙面
折叠方桌
低柜
组合柜
上置旅行箱、杂物等
白制低柜
空调
摆放整理箱2个
书架

家庭构成:男主人 小区保洁员 49岁
女主人 主妇 48岁
女儿 小学生 14岁
建筑面积: 42.17m²
使用面积: 29.91m²

图2-7 调查事例（增租1间）

仅仅增租差额面积往往住房设施不配套，此外，家庭成员需要照顾，不能分别居住等原因都导致了廉租户不愿意仅仅增租差额面积。

"附近（户籍所在地）没有便宜房子可租，只能租郊区的农民房。房租600元/月，没卫生间，没厨房，做饭只能在外面走廊"，"离上班地点远，上下班要骑摩托车，往返2个多小时"（无房户，增租1套，图2-8）。

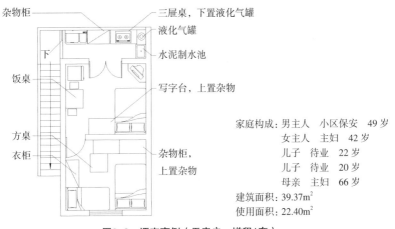

杂物柜
三屉桌，下置液化气罐
液化气罐
下
水泥制水池
饭桌
写字台，上置杂物

家庭构成：男主人 小区保安 49岁
女主人 主妇 42岁
儿子 待业 22岁
儿子 待业 20岁
母亲 主妇 66岁

方桌
衣柜
杂物柜，上置杂物

建筑面积：39.37m²
使用面积：22.40m²

图2-8 调查事例（无房户，增租1套）

收入微薄是这些家庭的共同特点。虽然当地政府在居住方面给予了"住房租金补贴"，并希望廉租户能够按规"专款专用"，但是，处于房地产全民狂欢之中、不断高企的普通住房房租，仍使得廉租户很难单纯依靠政府发放的"住房租金补贴"——"杯水车薪"寻找到合适的房源（能够满足目前家庭日常生活起居需要的住房）。更多的家庭也只能本着"多多益善"的私利，将这笔本来应用于扩大自身居住面积的"补贴款"通过各种途径，设法转化为家庭收入之一，用于日常生活。地方政府虽在改善最低收入、住房困难家庭的居住条件的问题上投入了大量专项资金，做出了巨大努力，但却并没有达到改善该部分人群居住状况的目的，个中遗憾、问题值得深思。

五、小结

1998年，我国完全停止了"公有住房实物分配"，而改为多层次的住房供给制度，其中，针对城市低收入、住房困难家庭的住房问题，提出了建立、健全廉租住房供给制度的基本国策。

1998年后，我国逐步开展了廉租住房制度的建设，大致可划分为3个阶段：酝酿期、整顿期、推行期。但是，至2011年为止，廉租住房制度建设虽已历时10余年，城市受益家庭，特别是得到"实物配租"的城市贫困家庭微乎其微。从整体看，我国住房保障制度的实施效果并不尽理想。

上海市是国内最早建立廉租住房制度的城市，廉租住房的保障方式一直是以"租金补贴"为主。但是，由于家庭收入、普通住房租金等问题，廉租户往往无法依靠政府补贴租赁到合适的住房，因此，多数家庭选择维持现状，政府发放的"住房租金补贴"则多转化为家庭收入，用于家庭日常支出。本应帮助廉租户扩大居住面积的"租金补贴"并没有起到改善低收入家庭居住状况的真正作用。

第3章 发达国家及地区的住房保障

一、发达国家及地区公共住房技术支撑

（一）日本

日本公共住房的发展与日本住房政策、技术法规标准、勘察设计与施工建造技术、部品与材料的发展进步息息相关。

1. 公共住房发展模式

日本公共住房在全国住房供给中占有相当大的比重。从第二次世界大战结束到 1996 年的半个世纪，日本共建造住宅约 5115 万套，其中公共住房占 45.7%。日本的公共住房分为公营、公团住宅两类，公营住宅的建设管理主体为地方行政主体（都道府县或市町村），公团住宅则由独立行政法人——都市再生机构（Urban Renaissance Agency，以下简称 UR，元住宅公团）负责它的建设与管理。

UR 享有国家财政补贴，具有半官方身份，主营业务内容包括公团住宅规划、设计、管理（包括施工管理、运营管理）等，涵盖了住宅建设、运营的大部分过程，在贯彻落实国家相关住房政策，积极推广新技术、新产品方面，UR 往往需要走在前面。

2. 技术法规、标准、文件

日本的建筑技术标准体系分为技术法规与技术标准 2 个层次。

（1）技术法规

日本的技术法规又分为"法律"、"实施令"、"告示"，其中法律

类的有《城市规划法》、《建筑基准法》、《消防法》、《关于促进确保住宅品质的法律》(以下简称《住宅品质确保法》)、《长期优良住宅普及促进相关法律》(以下简称《长期优良住宅法》)等。在日本,"法律"为所有政令的基础,其次才是各个法律的"实施令"、"告示"。

《建筑基准法》是日本建筑管理、规划、设计的一般通则,它包括一般原则、集团规定、单体规定,其中既有一般管理规定,也包含有对建筑规划布局、建筑单体设计的技术、尺寸要求(最低要求)。它与《消防法》、《无障碍法》等一起构成了日本建筑工程规划、设计的基本技术法规,所有在日本境内的建设活动均需照此执行(图 3-1)。

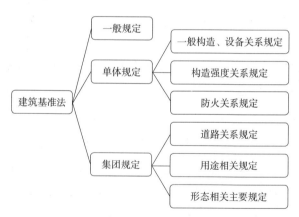

图3-1 建筑基准法的基本构成

1999 年颁布的《住宅品质确保法》、2009 年实施的《长期优良住宅法》均是住宅专属法律。前者旨在提高新建、二手住房品质,保护购房者权益;后者则致力于住宅长寿命,减轻环境负荷,建立优良住宅储备。但与《建筑基准法》不同,上述法律的条文内容多为原则性规定,具有强制性。

（2）技术标准

技术法规之下是各类技术标准，如与《住宅性能认定制度》相配套的《住宅性能评价标准》、《住宅性能评价方法标准》等。上述技术标准虽对相关技术规格、技术要求等作出了具体的描述，但标准本身并不具有强制性。

（3）技术文件、资料

技术标准下面还有各行业协会、团体编制的各类指南、手册等，如《老年住宅设计手册》、《无障碍设计手册》等，它们对提高住宅设计水平、推广新技术均起到了导向性作用。

（4）公共住房建设相关技术规定

日本公共住房建设作为建筑活动之一，同样要遵循上述法律、标准、文件的规定。此外，由于公共住房建设占据日本住房市场大部分份额，都市再生机构（UR）还对公共住房选用的部品种类、规格、安装方法、构造节点做法等作出了统一规定，并编制发行有《公共住房工程标准式样书》、《公共住房工程详细图》等指导公共住房建设。《公共住房工程标准式样书》、《公共住房工程详细图》等虽不具备法规效力，但凭借 UR 的半"官方"身份，领先的技术实力以及遍布全国的开发实践，UR 发布的技术规定具有一定的权威性与导向性，成为很多民营企业自发遵循的一般技术规则。

3. 技术服务

（1）认证、评价

为了确保住宅产品的品质、性能以及售后服务，日本政府积极鼓励在公共住房建设中选用优良住宅部品，并推行优良住宅部品认定，该认证目前包含 49 个认定品种，累计认证 432 项。

除此之外，日本政府还在公共住房中积极推行"长期优良住宅的技术审查"、"21 世纪都市居住紧急促进事业的技术评价"。

（2）试验与调查研究

UR、BL（优良住宅中心）、JBC（日本建筑中心）等都拥有自己的试验基地与实验室，内容涵盖构造、材料、环境、防耐火、无障碍、老龄化等，为住宅建设技术的水平提高奠定了科学基础。

此外，大量居住问题的调查研究也是确定各类政策/事业、编制法规标准、开发新技术产品的基础。20世纪50～60年代起始的公共住房规格化、标准化研究就是建立在大规模入户调查的基础上的。现在公共住房建设立项，也要先作该地区居住需求调查，再确定工程建设规模，以避免形成住房空置。

4. 住房政策

日本的公共住房政策按照"5年计画"的方式逐步推进，不同时期，围绕某些社会、城市发展问题，提出相应的解决办法。

（1）一期、二期（1966～1975年），解决人口向大城市集中带来的"住房难"。

（2）三期、四期（1976～1985年），解决"婴儿潮"带来的"自有住房需求"。

（3）五期、六期（1986～1995年），老龄化问题、二手住房储备问题。

（4）七期、八期（1996至今），二手住房储备问题、住房品质问题、老龄化社会居住环境问题、地域振兴问题。

（二）英国

1. 公共住房发展模式

在英国，公共住房的建设管理主要由两部分组成：一是各地方政府持有的公租房；二是在政府注册的住房协会所持有的公租房（原则上住房协会所持有的公租房也是非营利性质的）。两部分公租房的总数为518.6万套，占到了英国房屋2641.2万套中的18.53%，其中地方政府、住房协会持有的公共住房分别占据半数左右（表3-1）。

表3-1　英国住房统计（UK housing statistics）

	内容	年份
Inhabitants' number in UK 英国人口数量	6097.5（万人）	2007年
Average number of persons per household 每个家庭平均人口数	2.31（人）	2006年
Housing stock：Total number of dwellings 住房总数量	2641.2（万套）	2006年
Owner occupied 房主自住数量	1854.2（万套）	2006年
Private Rented 私人出租房屋数量	299.5（万套）	2006年
Registered Social Landlord 房屋协会出租房屋数量	219.1（万套）	2006年
Local Authority Owned 地方政府出租房屋数量	270.4（万套）	2006年
Part of Social housing in housing stock 社会出租房屋比例	18.53%	2006年

近年来，英国每年新完成的公租房数量约为33400套。其中，住房协会完成30700套，约占92%；地方政府完成2700套，约占8%。从最近10年的统计数据看，九成以上的新增公租房是由住房协会完成的，非公有性质的住房协会在英国公共住房体系中发挥着主导作用。

2. 技术法规、标准、文件

英国的工程建设技术法规、标准、文件体系包括如下4个层次：

（1）法律（Act）。它主要包括《建筑法》（Building Act）、《住宅法》（Housing Act）、《工程设计和管理法规》（Construction Design and Management Regulations），专门针对建设活动、居住活动而制定。

（2）条例（Regulation）。它包括《建筑条例》（Building Regulation）、《建筑产品条例》（Building Products Regulation）、《工程设计和管理条例》等，主要作用是规定建设工程必须达到的功能要求。其中，《建筑条例》的作用主要是保护建筑内及周边人员的健康与安全、强调节能、保证残疾人生活必要的设施配置等。它适用于房屋改扩建、给水排水管道以及热力管道工程、基础工程等，其构成包括如下内容：

Part A：结构（Structure）

Part B：消防安全（Fire Safety）

Part C：场地准备及防潮（Site Preparation and Resistance to Moisture）

Part D：有毒物质（Toxic Substances）

Part E：隔声（Resistance to the Passage of Sound）

Part F：通风（Ventilation）

Part G：卫生（Hygiene）

Part H：排水和废物处理（Drainage and Waste Disposal）

Part J：热生产装置（Heat Producing Appliances）

Part K：楼梯、坡道和防护装置（Stairs，Ramps and Guards）

Part L：燃料和动力保护（Conservation of Fuel and Power）

Part M：残疾人设施（Access and Facilities for Disabled People）

Part N：玻璃——原料及保护（Glazing- Materials and Protection）

（3）技术准则（Approved Documents）与实用指南。它是关于如何达到建筑法规所规定功能要求的文件，包括与《建筑法规》规定的各项功能相对应的结构、消防、环保、节能、残疾人保护、卫生、隔声、通风、供热、排水、防坠落、玻璃安装、开启、清洗、室内用合成木地板、地下室等15册。

（4）建筑标准（Building Standards）。它是指为实现条例中的技术要求可采取的具体途径和措施，是法规实施不可缺少的重要资料。英国是世界上最先开始标准化工作的国家之一，目前约有3500～4500项标准涉及工程建设，其中有1500项属于建筑工程类标准，如《建筑钢结构应用规程》（BS449）、《木结构应用规程》（BS5268）、《建筑物设计、建造使用的防火措施》（BS5588）等。

在上述4个层次中，前2个具有强制性，第3个也是强制性的，但若有更先进的解决办法，能够满足建筑法规要求，经地方政府认可，也可不执行现行准则，第4个层次属推荐性标准，由使用者自愿采用。

3. 住房政策

在英国，地方政府、住房协会是公共住房的主要建设方与持有者。但由于地方政府建设主管部门、住房协会小型、分散，无法形成日本、新加坡那样强势、集中的建设主体。英国公共住房的建设管理往往遵循一般建筑法规、标准，政府层面对产业技术、住房政策的推广具有一定难度。特别是在英国政府奉行不干涉住房市场、地方政府退出公共住房建设的今天，以住房品质提升、技术与产业进步为目的的住房政策更加不具有现实可行性。

英国政府早期对公共住房建设主要实施一些引导性政策，表现为政府倡导个人和团体尽量建造较好的住宅。政府实施这种引导性政策不需要任何代价和成本，但只有少数富人肯做此善事，且带有许多实际目的，而不单纯是提高居住标准。此外，政府也鼓励住房供应商按照一般建设标准来建设公共住房，但由于缺少激励机制，无法鼓励他们花费额外的资金建设更高标准的住房。

英国政府干涉住房发展最基本的政策是管制。早期的管制政策表现为政府制定有关住房建设和建筑环境的最低标准，并要求住房供应者们遵守这些标准。这一政策的实施主要通过自愿遵守，或者通过一个具有法律约束力的机构来实现。1848年，政府通过了《公共卫生法案》，从国家长远利益出发限制土地所有者的权利，制定住房发展在布局、设计和建筑等方面的最低标准。根据相关法案，如果一些住房项目不按指定标准建设，政府部门有权拒绝其实施。然而，这一政策也存在不足，住房建设者会转嫁额外成本给使用者，同时，因资金和管理问题，强制执行上也存在困难。

（三）美国

1. 发展模式

美国是一个市场经济高度发达的国家，政府对住房建设的直接干预较少。公共住房建设在20世纪70年代前主要由各地方政府主持进行，70年代后地方政府淡出主导地位，公共住房建设主要由私人建设者——主要为非营利性组织、民间社团、赞助商、房地产商（主要为项目配建）等来承担，主体较为分散。政府主要在金融上扮演为民间机构住房建设提供帮助的角色。因此，公共住房建设更多依靠市场及各州建筑技术法规的控制。

2. 技术法规、标准、文件

在美国，联邦政府制定法律，如《住房法》（National Housing Act）《美国梦买房首付法》（American Dream Down payment Act）等。

在美国，大量的建筑工程标准、文件主要由各类行业协会、团体制定颁布，它们作为"资源性文件"（Resource Document）只有在应用中达到各界的基本共识与认可，才能够上升为"公认标准"（Consensus Standard）。"公认标准"进一步完善，则会成为较为通用的"样板法典"（Model Code）。但是，它们都是自愿性标准，并不具有强制性，只有各州、市、县议会立法采纳了某"样板法典"的全部或部分条文，该"法典"或条文才能够正式成为当地的强制性法规（The Building Code）。

目前美国常被援引的"样板法典"有5部，来自于不同的行业协会组织，编制内容、被各地方援引内容各有侧重（图3-2）。

图3-2 美国的样板法典

其中，"统一建筑法规"（Uniform Building Code）是由国际建筑工作者联合会、国际卫生工程、机械工程工作者协会和国际电气检查人员协会联合制定。它本身并不具有法律效力，各州、市、县都可根据本地实际情况对其进行修改和补充。

当建筑在建造和使用中出现问题时，"统一建筑法规"是进行调解、仲裁和诉讼判决的重要依据。它的主要内容包括建筑管理、建筑物的使用和占有、一般性建筑限制、建造类型、防火材料及防火系统、出口设计、内部环境、能源储备、外部墙面、房屋结构、结构负荷、结构试验及检查、基础和承重墙、水泥、玻璃、钢材、木材、塑料、轻重金属、电力管线设备和系统、管道系统、电梯系统等方面的标准和管理规定。

在"样板法典"中也有专门针对住房建设的"法典"，如：ICC（The International Code Council）编制颁布的"IRC"（International Residential Code），它对法典的适用范围、手续规定、定义、实体规定等进行了规范。但它属于自愿性标准，非强制性执行，因此不具有法律效力（图3-3）。

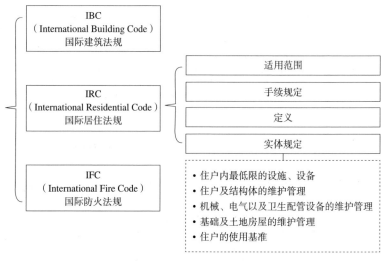

图3-3 ICC的建筑"样板法典"

3. 技术服务

在美国，大量的行业协会、团体承担起了各类标准制定以及新技术、新产品的推广宣传活动。他们通过认证、评价、检验、技术咨询、教育培训以及设立基金会，给予经济支持等方式，为建设活动提供各类技术服务。如 ICC 除了建筑标准编制外，还承担"ICC-ES"（ICC 评价服务）、"IAS"（国际认定服务），有自己的"ICCF"（ICC 基金）基金会等。

由于美国的公共住房建设、运营呈多元化现象，其产品、技术选用主要依靠市场供求关系，其推广受政府、政治的影响较小。政府主要是在住房政策上有所偏重，并通过贷款、税收等金融手段，实现政策落实。

4. 新技术推广及其他

（1）新技术推广

在推广绿色节能方面，最著名的是美国绿色建筑委员会的 LEED

（能源与环境建筑认证系统，Leadership in Energy & Environmental Design Building Rating System）。

近年来为配合绿色节能问题的推广，各地方政府（如纽约市政府）在公共住房建设，特别是改建项目中，还努力尝试推行其他企业的绿色节能标准，旨在提高公共住房的整体居住质量。

（2）其他

社会、城市发展过程中，美国住房保障政策主要解决了住房领域出现的如下问题。住房领域集中出现的各类问题①。

1）20 世纪 30 ～ 50 年代：《国民住房法》（1934 年）、《1937 年美国住宅法》（1937 年）、《国民住房法》（1949 年修订）、《1954 年美国住宅法》（1954 年），实物供给，解决住房难问题。

2）20 世纪 60 ～ 70 年代：《国民住房法案》、"房租补助计划"、"住宅和社区混合法"、低贷款利率、补贴房租、振兴经济、振兴老工业城市。

3）20 世纪 80 年代～ 21 世纪初：住房选择优惠券计划、选择邻里、"希望六"计划、公共住房，提倡混合居住、旧区 / 房改造，解决老龄人口 / 低收入人群住房问题。

（四）中国香港、新加坡

1. 发展模式

香港于 1972 年设立房屋委员会，房屋委员会与后来的房屋署代表政府组织兴建公屋、屋邨，并组织、引导私人发展商修建公共住房。至今已有约 200 万人，即 1/3 的香港市民居住在房屋委员会拥有的约 65 万个出租单位中。其中，房屋委员会是决策机构，房屋署是执行机构，房屋署内设行政及政策、建筑、房屋管理三大部门，在职

---

① 详细内容参见《美国住宅法》简介。

工作人员约 13000 人左右（图 3-4）。征用土地后，从设计、施工、租售到日常维修管理,住房署独立运作,是一个相对独立的运作体系。

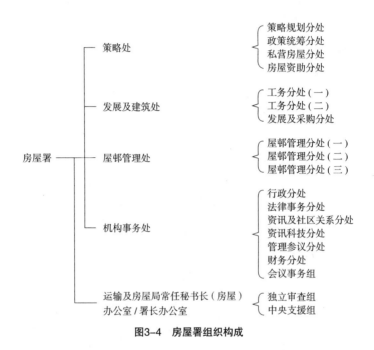

图3-4 房屋署组织构成

新加坡于 1960 年设立建屋发展局（HDB），并代表政府兴建了新加坡境内绝大多数住房，私人仅占 1% 的比例。HDB 下设行政与财务署、建筑与发展署、产业与土地署三大部门，另外还设有 19 个分局，职员约 7300 人（图 3-5）。HDB 同时拥有业主和咨询公司的功能，在住房的建设管理运作模式上更加独立，在土地使用上享有特权。HDB 拥有自己的建筑、结构设计和项目管理部门，除施工部分通过招标选择经建筑工业发展委员会（CIDS）认可的政府公共工程承包商负责项目施工，其他如规划、设计、物业管理等多由 HDB 自己承担，因此，具有很强的独立性。

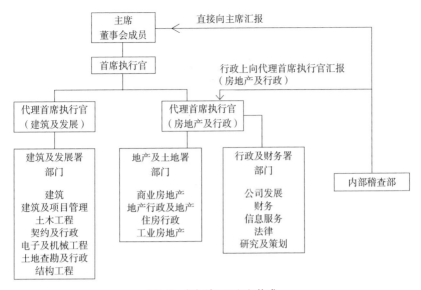

图3-5 新加坡HDB组织构成
来源：HDB ANNUAL REPORT 98/99

2. 技术法规、标准、文件

香港的法律体系主要来源于英国，属于英美法系。《建筑物条例》是规范香港建筑活动的最高法例规范，它主要涵盖了实体法、程序法以及技术标准法的有关内容，包括了工程项目的图则审批、工程建设实施阶段的监管、竣工验收后的维修保养以及对于违例行为的检控和上诉制度，还包括了旧有楼宇的维修以及建筑技术标准等。为保证《建筑物条例》的顺利实行，其下还制定有一系列的附属规则作为配套法规，包括《建筑物管理规例》、《建筑物建造规例》、《建筑物规划规例》等。《条例》与《规例》都是香港公共住房建设最直接的技术法规支撑，属强制性规定，条文内容包括了对建筑物的基本技术要求（图3-6）。

为进一步落实《条例》、《规例》规定，补充、完善工程建设的技术法规体系，政府部门或行业协会等还会以公开出版物、新闻公

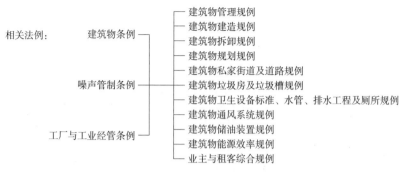

图3-6 香港建筑法规体系

报等形式制定出台很多标准图则、规格、技术通告、作业守则、手册、说明、指南等，来引导、规范建筑物规划、设计、建造行为。上述刊物、公报并不具有强制性，为推荐性技术标准。

因历史原因，新加坡目前采用的是英国法规加一部分新加坡自己的法规，但这只是一个大的行业法规，比较笼统、原则。《建筑控制法》（Building Control Act）是新加坡建筑管理制度的核心，它是新加坡建筑审查制度、工程监理制度、使用许可制度、建筑物定期检查制度的法律基础。其下也有着一系列的《×××规例》，如《建筑管制条例》（The Building Control Regulations）、《建筑控制（建筑设计）规例》（The Building Control（Buildable Design）Regulations）等，对上述制度进行了具体的管理规定，为强制性技术法规。

同时，在"规例"之下，各部门还以指南、手册、标准图则等形式，出台了具体的技术标准，推荐使用，如用于建筑设计审查的《易建设计实务守则》（Code Of Practice on Buildable Design）、《易建设计评价系统指南》（Guide to the Buildable Design Appraisal System）等①。此外，不同的部门、设计单位还有各自内部的标准。HDB 就有

---

① "Buildable"在新加坡翻译为"易建性"。来源：建筑易建性研究.360doc 个人图书馆，http://www.360doc.com/content/16/0508/23/30514273-557420116.shtul.2016-05-08.

其内部设计使用的工作手册，内容更新频率较快，每隔半年至一年时间，主管部门就将设计人员提出的合理化建议进行筛选、归纳，整理装订成册，作为新的标准执行。上述标准等都是推荐、指导性的，属技术文件范畴。

3. 技术服务

为了保障公共住房的建设品质，中国香港、新加坡政府与建筑材料供应商合作，适时推出建筑产品认证，实现提高建筑质量的目的。

香港自2010年开始推行产品认证，目前已实施认证的有防火木门、板间墙、水泥产品、瓷砖胶粘剂、修缮用砂浆、瓷砖、铝窗及窗五金，但由于起步较晚，所以数量较少。新加坡的建筑产品认证同样历史较短，社会影响力不强。

无论香港还是新加坡，由于房屋署或HDB自身担当了业主、咨询、管理的多重角色，加之地域较小，因此，其技术、产品的选用完全可以通过加强内部管理达到保证质量的目的，如HDB在国内有自己的采石场和砖石加工厂，其他材料也可以通过限期合同或批量购买得到供应，公共住房产品市场竞争、市场准入要求不高。

4. 技术推广及其他

中国香港、新加坡的公共住房建设在本地区、本国的新技术推广，缓解社会矛盾等方面发挥着巨大的作用。

（1）技术推广

香港在20世纪80年代后期，首先在公屋建设中使用预制混凝土构件，经过之后近20年的发展，所建公屋中，预制构件的混凝土方量达到建筑物总方量的65%左右。

从香港的工业化住宅发展过程来看，政府在其间的作用非常明显。首先，政府在公屋建设中带头使用，抛弃粗放式的建设模式，起到了示范作用。其次，出台了一些限制性的政策，如征收建筑废物处置费，引导开发商走资源节约的道路,具有一定的强制性。最后,给予一定的优惠政策,如规定若采用露台、空中花园、非承重预制外墙板等节能环保措施,可获得建筑面积补偿,缓解开发商因采用新技术所带来的成本压力。同时,大量相关指南、手册、图则等技术标准文件的出版,对技术普及、降低应用技术的门槛也做出了突出贡献。

香港绿色建筑的政策和法规主要由环境局和发展局下设的机电工程署主导,房屋署、建筑署、规划署则相对在绿色建筑方面起辅助作用(表3-2)。房屋署致力于提供多项服务,以推广和协助可持续住房的建造和保养。对于新建住房,房屋署在图则审批及建造过程中,严格进行审查,以确保符合建筑标准的同时鼓励可持续的建筑。

表3-2 香港主要绿色建筑政策法规

实施日期	政策法规		方式
1995年	《建筑物(能源效率)规例》		强制性
1998年 1998年 1998年 2000年 2003年	自愿性框架下的《建筑物能源效益守则》	《空调装置能源效益守则》 《照明装置能源效益守则》 《电力装置能源效益守则》 《升降机及自动梯装置能源效益守则》 《成效为本能源效益守则》	自愿性,2005年起对政府建筑强制实施
2008年7月24日	《香港建筑物(商业、住宅或公共用途)的温室气体排放及减除的审计和报告指引》		自愿性
2009年11月9日	《能源效益(产品标签)条例》2009年11月9日第一阶段,2010年3月19日第二阶段		强制性
2012年	强制性框架下的《建筑物能源效益守则》(以自愿性框架下的《建筑物能源效益守则》为蓝本)		强制性

新加坡的建筑工业化主要是通过组屋建设实现的。HDB不仅可以征地,而且可以在公共住房建设上得到政府的大量财政支持,解决了建筑工业化初期成本较高的问题。此外,为鼓励住宅工业化,HDB

还制定了行业规范来推动建筑工业化的发展。考虑到增加工厂预制是推进工业化的主要方法，新加坡建屋发展局于2001年规定建筑项目的可建性分值必须达到最低分，建筑规划才具备获得批准的条件。

新加坡在绿色环保问题上推行的是绿色建筑标识计划（2005年），并在2008年设定为强制性立法。为了推广落实该计划，政府规定公共服务部门建设项目必须首先执行。新加坡的榜鹅公共组屋（第一批金奖住宅项目）就是这样的绿标建筑。此外，政府采取设定目标、分步落实的方针，实施推广奖励政策，给予获得绿标金奖的项目以奖金鼓励，并设立研究基金积极推动环保建筑的研究，定期组织相关培训、研讨会，编写绿色建筑设计手册，加大社区宣传，提高公众环保意识。

（2）其他

香港自20世纪50年代提供灾民安身之所开始，经历了如下几个阶段：

1）"廉租屋政策"（20世纪60年代）。

2）"十年建屋计划"（20世纪70年代），居者有其屋，私人机构参与发展计划。

3）"长远房屋政策"（20世纪80年代），居者有其屋，租者置其屋，"八万五"建屋计划。

4）特殊人群的公共住房政策（20世纪90年代），夹心阶层住屋，长者房屋计划。

在不同时期，香港政府结合自身经济发展水平，尝试解决木屋（棚户区）改造问题、高度城市化背景下的中心城区人口高度集中问题、旧区重建/旧屋改造问题、老龄化社会居住问题等，探讨结合公共住房大量建设，解决城市发展突出矛盾的可能途径。

新加坡政府同样尝试通过调整公共住房政策，解决不同时期城市发展中存在的主要居住问题。

1）"五年（1961～1965年）建屋计划"（20世纪60年代），消除贫民窟，更新市区。

2）"公积金购买组屋计划"（20 世纪 70 年代），推进新镇建设。

3）"组屋翻新计划"（20 世纪 90 年代），城市更新、旧房更新。

4）"乐龄公寓计划"（21 世纪初），对应老龄化社会问题。

二、发达国家和地区公共住房技术支撑的比较

结合目前对各国住房保障状况的公开评价，比较上述欧美、亚洲国家和地区公共住房建设、运营相关技术支撑，并与我国目前的发展现状相对照，国外公共住房发展模式、标准化技术体系具有如下一些值得我们学习的特点：

（一）建设、运营管理集中，政策落实彻底，技术推广便利

公共住房建设、运营管理体制分为分散、集中 2 种，美国、英国属于分散管理，日本、新加坡、中国香港则属于集中管理（表 3-3）。

表3-3 各国/地区公共住房建设、管理主体

	英国	美国	日本	新加坡	中国香港	中国
主体	住房协会 地方政府	私人建设者 赞助者 组织机构 房地产商 地方政府	都市再生机构 地方政府	建屋发展局	住房署	地方政府
政府	◎	◎	◎	●	●	●
协会	◎	◎				
组织机构		◎	●			
房地产商		◎				●

注：

▨：目前当国家/地区主要承建方；

◎：构成人员规模小，主要为项目业主；

●：构成人员构成规模大，包含有咨询、分配、管理等业务。

从主要承建机构的人员规模、业务构成来看，日本、新加坡、中国香港的人员构成规模较大，涵盖的业务包括从前期的土地、规划、设计、施工，到建成后的分配、维护管理等公共住房的全寿命周期，权力集中、资金集中、技术集中，在迅速落实国家住房政策，带头推行新技术，推动当地行业发展方面具有绝对的优势，所起的作用不容忽视。

（二）技术法规、标准体系分划清楚，执行力度明确，内容修订便利

上述国家与地区的建筑技术标准体系都具有技术法规（强制性）与技术标准（非强制性）适度分离的特点（表3-4），这种金字塔形，等级清楚的体系框架不但方便执行者快速查阅，同时，也有利于在保持技术法规相对稳定的前提下，加快对技术标准的适时更新。

表3-4　各国/地区建筑工程技术法规、标准体系

	英国	美国	日本	新加坡	中国香港	中国
技术法规	建筑法、住宅法等 建筑条例 ×××技术准则	住房法等 ×××建筑法典	建筑基准法、品确法等 ×××实施令 ×××告示	建筑控制法 ×××规例	建筑物条例 ×××规例	建筑法等 ×××规范 ×××标准
技术标准	建筑标准（BS） ×××资料集 ×××手册 ×××指南	×××样板建筑法典 ×××标准（公认标准） （基础资源）	JIS标准 BL标准 标准式样书详细图集 ×××资料集 ×××手册 ×××指南	建筑标准（BS） 新加坡标准（SS） 守则指南	标准图则规格手册说明	措施导则标准图集

（三）技术标准体系呈金字塔结构，底部文件丰富，更新速度快

上述国家/地区的技术法规、标准、文件体系是一个金字塔结

构，上部简单、强制，下部丰富、自愿。下部文件包括有手册、指南、规格以及标准图则、详细图则等。它们形式多样，数量庞大，很多规定针对新建筑设计类型、新技术、新产品，如日本老年人协会发布的《老龄住宅设计指南》等，很好地起到了推广、普及作用。

（四）技术服务内容丰富，服务层次清晰

除标准体系外，在各个国家／地区还有大量的行业协会、组织机构常凭借第三方、公信机关的地位，为建筑工程提供各类技术服务。

（1）以认定、评价、检测为基础，为技术、产品、建筑品质作出高于技术法规要求的公信证明，提升产品竞争力，确保建设质量，如日本优良住宅部品中心提供的 BL 认证。

（2）以实验、调查为基础，发现前端性问题，探索解决办法，旨在为技术研发、政策／标准制定提供基础研究／数据支持，如 UR（日本都市机构）在八王子的试验场、日本建筑中心对新材料和新建造方法所提供的调查研究和审查评价。

（3）以标识、讲演会、出版物、展示场等形式，提供配套技术、产品的宣传、推广服务。

（五）政府带头积极推进新技术、新产品的应用

凭借公共住房大量建设之机，以政府干预为主导，政府项目带头应用为示范，强制或强化推广新技术、新产品的应用，这是日本、新加坡、中国香港等产业升级、进步明显的国家、地区的共同特点，具体包括如下手段：

（1）政策引导——强制性政策（如产品禁用、新技术强推等）、鼓励政策（如面积奖励、容积率奖励、土地政策、审批程序简化等）。

（2）金融手段——低息贷款、奖励金、减免税等。

（3）政府项目带头应用示范——工程示范、产品示范。

（4）各类技术服务支持——评优、认证、公开刊物、培训、研讨会。

美国、英国等国家由于崇尚市场经济、自由竞争，国家对住房市场干预较少，其技术、产品推广多依托民间项目，分散、小型，在推广力度、技术提升幅度上，表现不十分突出。

三、对我国的主要借鉴及建议

根据以上对发达国家和地区公共住房建设、运营在规划设计、技术服务、新技术推广应用等方面技术支撑的比较、剖析，对照我国现状，有如下几点值得在我国保障性住房技术支撑体系构建过程中借鉴、参考。

（1）以专业技术人员为依托，组织保障性住房建设、运营管理主体。

新加坡、中国香港、日本等地公共住房的建设管理主体都是国有大型机构，不但负责开发、物管，有些甚至承担设计、施工任务。这种综合体一样的组织架构在落实推广国家住房政策、组织编制相关国家技术标准、引领住房技术发展方向等方面有着得天独厚的优势。

目前我国各地的保障性住房建设大多以地产商代建为主。虽然各地积极筹建保障性住房建设管理中心，但多处于起步阶段，以管理为主，存在定编人员少，技术力量薄弱，行政地位尴尬等问题，尚不具有地区话语权。因此，应借鉴上述国外经验，理顺相关行政关系，尽快充实专业技术人员，组织、培育、建设地区性保障性住房建设管理主体。

（2）强制性法规与参照标准的适度分离。

技术法规（强制）与技术标准（推荐）适度分离，这种管理强度泾渭分明的技术标准体系是发达国家与地区目前普遍采用的方式。它具有严控最低要求、优选技术标准的特征，在更新修订上快捷灵活，在执行应用上简单方便。

我国建筑工程技术标准既可以包含强制性条文，又可以包含推荐性条文，两者交叉在一本规范标准中，不便于查阅，也不便于修订。因此，在编制方式上，借鉴国际通行做法，理顺标准与文件、强制与推荐之间的关系，为使用者查阅、编制者更新提供便利，是建立健全保障性住房技术支撑体系的重要工作任务之一。

（3）丰富技术文件内容，适时反馈最新技术信息。

除技术法规、技术标准外，丰富的技术文件也是国外公共住房建设顺利开展的原因之一。它们作为编制技术法规、标准的重要参考以及法规、标准实施中的细节补充，不但不可或缺，而且有着反馈最新科研成果，推介新产品、新技术的作用。

我国在标准规范之下也有技术措施、标准图集，但总体看，种类尚不丰富，对中小户型住宅的针对性不强。特别是在保障性住房大量建设，各地对保障性住房建设缺乏统一认识时，及时充实我国的技术文件体系，有针对性地编制各类保障性住房建设指导手册、图集，显得非常必要。

（4）强调多样化技术服务，加强技术研发。

以行业协会、第三方公信机构为依托，在政府项目中积极、广泛开展各类技术服务，这是日本、美国、英国等发达国家的共同特点。技术服务对象由针对单一产品、技术，到建筑物或建筑某一特定性能，服务内容由依据既有标准的认证、评价、试验检测，到探索前行的科研、开发以及培训、交流等，构成了实体建设工程项目之外最重要的技术依托。

我国的技术服务市场还远未孕育成熟，住宅性能、产品认证工作在我国也只是刚刚起步。建议凭借保障性住房大量建设的契机，强化对前端性科研、开发类技术服务的支持力度，落实现有认证、评价、试验检测类技术服务在保障性住房建设中的应用，协同社会各方力量，大力推进信息交流及技术的推广普及。

（5）政府引导，积极推行工业化建造方式。

大量采用工厂预制装配，解决公共住房施工质量良莠不齐的问题，这是日本、新加坡、中国香港在住房困难时期普遍选择的道路。各国工业化建造方式的实践成功，奠定了今天建筑产业的基础，并带动了建筑产品，特别是内装材料、厨卫产品的部品化，形成了建造方式、施工工法、建筑部品三者跨领域、互依存、相配套的完整产业链。在此过程中，各国政府主导性的推动与扶持，包括政策、金融、土地、示范等，都起到了非常大的作用。

目前，国内各界对新技术、新产品的研发、应用已取得了认识上的统一，但实际操作大多仍处于试水阶段，由国外引进的技术、产品，自主研发的技术、产品各自独立、单一，状态分散，形不成系统。因此，建议以本轮保障性住房大量建设为契机，督促各级地方政府在保障性住房项目中积极倡导、示范使用新技术、新产品，同时，尽快结合本地经济、技术、产业链发展特点，做好配套技术与产品集成。

四、小结

本节整理、总结了住房保障制度较为成熟的国家、地区，如英国、日本、新加坡、中国香港等地公共住房建设与运营经验，着重介绍了上述国家、地区为确保住房保障制度顺畅运行而在技术、管理等技术支撑上所做出的不懈努力。同样经历了战争的洗礼，战后百废待兴，住房严重不足，既有住房陈旧，设施设备条件不佳等问题，却能够在之后数十年的摸索中，逐步建立、完善符合自己国家国情公共住房建设与运营体系，基本解决城市普通居民居住困难问题，取得今天的公共住房建设成就，这是非常值得我们学习并认真吸取其经验教训的。学习他们在住房勘察设计、施工建造、运营维护阶段顺利开展各项工作的技术关键，将为我国保障性住房建设与运营技术支撑体系的构建提供重要参考。

在学习国外经验时需特别注意，各国有各国的国情，有各自的政治、经济、社会、文化传统的历史背景与住房发展特点，住房保障也不单单是建设住宅、经济贴补那样简单、单纯的事情，因此，应端正态度，深入调查研究。

第4章 我国保障性住房建设与运营

按照"十二五"规划，我国要在"十二五"期间建设各类保障性住房3600万套。"到'十二五'期末，全国保障性住房覆盖面达到20%左右，力争使城镇中等偏下和低收入家庭住房困难问题得到基本解决，新就业职工住房困难问题得到有效缓解，外来务工人员居住条件得到明显改善。"

近年来，我国保障性住房建设虽取得了巨大的成就，但仍存在一定的问题。为了更好地把握各地保障性住房建设与运营情况，及时发现保障性住房建设、运营中存在的问题，本章以资料搜集与实地调查为基础，明确保障性住房在实际建设、运营中面临的主要问题。

本章采用资料搜集与实地调查的方法，通过汇总老问题，发现新问题，总结保障性住房建设、运营经验，明确保障性住房建设、运营中存在的问题（图4-1）。

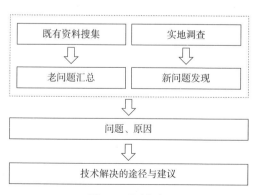

图4-1 研究框架

一、保障性住房建设、运营概况

我国现有保障性安居工程主要分为三大类：第一类是城市廉租住房、经济适用住房、公共租赁住房；第二类是城市棚户区（危旧房、筒子楼）改造；第三类是"非城非乡"的煤矿、林区的棚户区和危旧房改造。

1978年，邓小平提出对公有住房分配制度进行改革，初步奠定了以"商品购买"取代"公有住房分配"的基本住房供给模式。其中，针对城市低收入、最低收入住房困难家庭的住房问题，也相应提出了建设"经济适用住房"、"廉租住房"的解决方案。

1998年，我国停止了"公有住房"供给，城市住房由"无偿分配"转为"有价购买"，并由此带来了房地产行业的快速发展。但同期保障性住房制度建设、住房建设发展较为缓慢，住房保障方式在"补人头"、"补砖头"上摇摆不定，各地保障性住房"实物配租"数量不足，保障制度建设存在一定的滞后。2008年，保障性住房建设获得政府支持，各地出现保障性住房建设热潮，但同时也引发了人们对保障性住房建设与运营的诸多担忧，主要表现在如下几个方面：

（一）立项选址问题

1. 空间选址偏僻

有些城市的新建保障性住房建设基地的选址集中在城市远郊区、城乡结合部，位置偏远，可能造成居民交通出行困难，上班、上学不便。

2. 大规模集中建设

保障性住房大规模建设在偏远城区，可能会带来弱势群体的集中居住，导致标签化与固化社会阶层分异，并且阻碍贫困阶层代内与代际社会流动，容易形成贫民区并激化阶层矛盾。

3. 公共配套设施不完善

采用新城建设方式开发保障性住房小区，小区周边缺少旧城作依托，公共设施配置不足，造成居民上学、就医困难。

（二）建设标准问题

1. 房间使用面积问题

国家居住中心对 2008 年、2009 年的两次保障性住房设计竞赛的功能空间面积进行了数理分析，其结果表明，当套型建筑面积限定在 60m^2 时，保障性住房的主要房间使用面积平均值可以满足《住宅设计规范》的要求。

2. 室内装修、设施配置水准问题

公共租赁住房、廉租住房要求新建住宅一次装修到位，以节约社会资源，避免安全、寿命、工期、环保和管理等一系列问题。对于其装修标准的设置，有些地方提出应满足保障人群对装修标准和式样的差异化需求，建议建设单位提供灵活的装修标准和装修菜单。

（三）施工质量问题

1. 规划设计质量

在上海市"第三次保障性住房工程暨建筑节能质量专项检查的通报"中，发现规划设计上存在设计单位质量控制不严、有违反强制性标准条文现象等问题，建筑节能、结构设计也存在一定问题。

2. 施工质量问题

保障性住房建设质量存在不足。在北京、深圳、广州等多地的保障性住房项目检验中均发现质量问题。

积极推进保障性住房建设，是党中央、国务院为推动科学发展、加快转变经济发展方式、保障和改善民生而采取的重大举措。但从前期搜集的意见反馈情况来看，保障性住房工程建设仍旧存在不少问题。为了能够整体把握目前我国保障性住房建设、运营的真实现况，有必要对各地建设、运营情况进行全面深入的调查。

二、实态调查

为了能够切实把握全国保障性住房建设现况，同济大学于 2011 年暑假对全国部分城市的保障性住房建设、运营情况进行了一次实地调查。

（一）调查准备

在保障性住房建设问题上，由于各地经济发展水平不平衡，生活习惯差异明显，仅仅以某地情况，无法涵盖全国特征。因此，本次调研，强调兼顾广度和深度，成果全面、权威，具体体现在如下几个方面：

1. 调查对象

为了保证调研搜集意见的广度，调查对象包括行政管理部门、规划设计方、保障性住房居民、物业管理公司等。在充分听取各方意见的基础上，力争做到调研范围广覆盖。

2. 调查城市

为了兼顾各地区风土、经济发展不平衡因素的影响，调查城市的选择按照全国行政分区（兼顾气候分区），在分区内选择 1 ~ 2 个典型城市作为调查地点。城市选择原则：

（1）以地区中心城市为主。由于中低收入家庭住房问题往往在特大、大城市中比较突出，且当地政府有能力大量投资建设保障性住房，建设中反映出的问题也会比较集中，因此，各分区内城市的选择偏重于省会城市，如西安、武汉等。

（2）以既往保障性住房建设成绩突出的城市为辅。上述城市在保障性住房建设中已经摸索出一定的建设、运营经验与教训，在此基础上的调查研究，可以更好地总结、推广成功做法，此类城市如常州、青岛等。

（3）兼顾地区中小城市。中小城市虽然在经济发展水平上与大城市有一定差距，但是由于土地储备相对宽松，住房矛盾相对缓和，因此，对于当地的中低收入家庭住房困难问题，也会有与中心大城市不同的解决方案，值得进一步探讨。此类城市如铜川、鄂州等。

基于以上原则，最终确定 10 个城市，包括沈阳、营口、天津、西安、铜川、青岛、常州、武汉、鄂州、深圳。

（二）调查实施

具体落实调研工作历时 2 个月，涉及全国 7 个省市地区，10 座大、中型城市的保障性住房建设、运营及居民居住需求的情况。在调查城市的选择上，不但力求达到全国各气候区分布均匀，具有本地区建设代表性，涵盖廉租住房、公共租赁住房、经济适用住房、棚户区改造住房等多种保障安居工程类型，同时还要照顾直辖市、省会城市以及地级城市等不同规模、不同发展水平城市的保障性住房建设、运营情况（表4-1）。

表4-1　调查城市等级

调查地点			城市等级			
地区	省/直辖市	城市	特级城市	一级市	二级市	三级市
华北		天津	√			
东北	辽宁	沈阳		√		
		营口				√
华东	江苏	常州			√	
	山东	青岛		√		
华南	广东	深圳		√		
华中	湖北	武汉		√		
		鄂州				√
西北	陕西	西安		√		
		铜川				√

本次调研完成了对 10 个城市行政主管部门、施工单位、规划设计单位、物业管理公司的访谈以及对保障性住房入住家庭的入户调查。调研期间，课题组共举行各类座谈会 20 多场次，参会单位包括行政管理部门、规划设计单位、建筑施工单位、物业管理公司等，涉及管理、技术等各专业人员 70 多人次。同时，还在每个调研城市选择 2 个或 2 个以上保障性住房小区开展入户调查，最终对全国共22 个保障性住房小区近 300 户保障家庭进行了问卷调查及深度访谈，问卷回答率 100%（图 4-2 ~ 图 4-4）。

图4-2　对行政主管部门的访谈

图4-3　对保障性住房物业管理方的访谈

图4-4　入户调查

三、建设现况

（一）建设实践与技术标准

1. 建设任务落实情况

截至 2011 年夏，各地保障性住房建设任务完成情况良好。如武汉在"十一五"期间保障性住房实物配租面积与"十五"期间相比，增加了 32.2 倍，竣工的各类保障性住房面积、特别是经济适用住房面积有了明显提升。

青岛市认真坚持"政府有所作为、重点保障低收入家庭、城市土地出让收益回馈民生"三个基本理念，连续 4 年将住房保障工作纳入市政府"为民办好事"的实事之首。自 2007 年开始，青岛市政府先后出台各项保障性住房相关政策法规，大力推动保障性住房建设。他们通过建设廉租住房、经济适用住房以及旧城区和城中村改造等措施，基本解决了 3.5 万户低收入家庭的住房困难问题。经过努力，规划的各项目标任务全面完成，廉租住房保障家庭实现应保尽保，2.4 万套保障性住房全面开工建设，预计 2011 年底本期规划结束时，青岛市区实物配租配售保障性住房的低收入家庭将达到 3.1 万户。

2. 技术标准配套情况

依据国务院 24 号文等国家政策，各地颁布的各项技术政策主要针对保障性住房管理办法，保障家庭准入、退出机制，建设施工质量管理。各地进行保障性住房勘察设计时，勘察设计单位所依据的主要是现有工程建设技术标准、技术措施、标准图集。上海、深圳、北京、重庆、江苏、安徽等地虽颁布有经济适用住房、廉租住房、公共租赁住房的规划设计标准、装修标准，但大多处于试行阶段，实施效果有待进一步讨论。

（二）保障性住房小区规划设计

1. 立项选址

从保障性住房建设项目在各城市的规划分布或计划用地分布来看，特大、大城市保障性住房建设选址仍以中心城区远郊区为主，如深圳、武汉、天津等城市考虑以快速轨道交通作为交通接驳的补充。

2. 建设规模与混合居住

各地保障性住房小区建设相对集中，一定程度上仍存在居住人群单一的问题。

本次调研的保障性住房小区建设规模从 2 万多平方米到 40 万 m^2 不等。整体看，尚未出现因大规模低收入社区集中建设所形成的"城市孤岛"现象。

在保障性住房的建设形式上虽有集中建设、住栋配建、栋内配建等多种形式，但是多为公共租赁住房、廉租住房配建在经济适用住宅小区内，从居住人群收入情况来看，仍属于中、低收入人群（图 4-5）。

3. 公共配套设施

在调研小区中，有些小区虽配置有商业设施，但由于多位于城市开发区，周边无旧有居住区做支撑，因此出现了很多商业面积空置现象（图 4-6）。

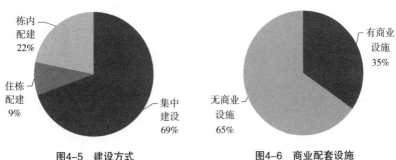

图4-5　建设方式　　　　　　　　图4-6　商业配套设施

从小区居民日常购物的出行方式与花费时间的长短看，保障性住房小区居民出行以步行为主，花费时间在 10 分钟左右，基本满足就近购物的需要，但仍旧有 20% 的居民需乘坐公交车出行进行日常购物，生活较为不便（图 4-7）。

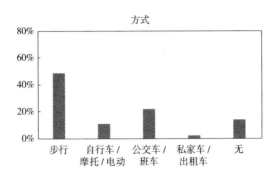

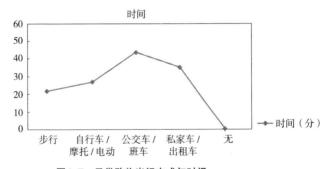

图4-7　日常购物出行方式与时间

同样，因选址问题，居民反映保障性住房小区周边无医院等公共服务设施，居民就医仍需到城里的医院，近半数地区的居民需乘坐公交车出门就医，单程需花费 30 分钟，交通时间花费较长，就医不便（图 4-8）。

4. 交通出行

在所调研的 10 个城市中，小区居民日常通勤的交通方式依次为公交车、自行车/电动自行车、步行等，通勤时间多在 20 ~ 60 分钟之间，其中公交出行多在 50 分钟左右，居民通勤出行时间普遍较长（图 4-9）。

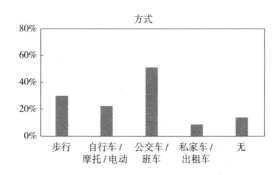

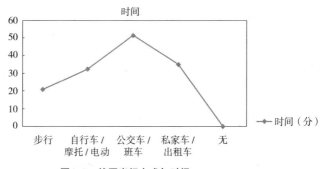

图4-8 就医出行方式与时间

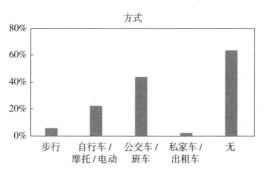

图4-9 通勤方式与时间（一）

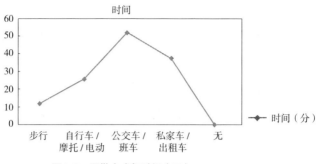

图4-9　通勤方式与时间（二）

本次调研的保障性住房小区至市中心的距离普遍偏远，居民交通出行主要依靠公交车等交通工具，时间在30分钟左右，时间花费较长（图4-10）。

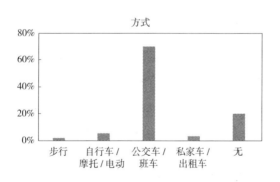

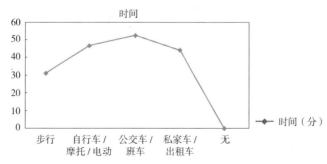

图4-10　至市中心交通出行方式与时间

此外，天津、深圳、青岛、铜川、鄂州等地的保障性住房小区，居民反映公交车班次较少，间隔时间长，影响居民日常出行。

（三）保障性住房单体设计

各地保障性住房家庭对保障性住房的满意度整体较高，表示对住房比较满意、非常满意的住户达到80%，但某些细节仍存在不足（图4-11）。

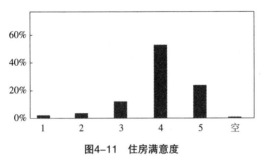

图4-11　住房满意度

1—不满意；2—不太满意；3——般；4—比较满意；5—满意

1. 住房建设标准

在现行《住宅设计规范》中，对普通住宅各房间最小面积，不同建筑面积标准下各功能空间的配置、日照、厨卫空间器具配置等，均有较为确切的条文规定。但由于保障性住房总建筑面积较小，在保障性住房单体设计中，较难遵守。

（1）无法确保小户型有足够的居室

各地保障性住房建筑面积主要在 40 ～ 60m² 之间，户型主要为一室一厅、二室一厅（图4-12）。其中，一室户、一室一厅户型的建筑面积多在 30 ～ 60m² 之间，二室一厅户型的建筑面积全部在 50m² 以上。

按照现行住宅设计规范的要求，50m² 以下的小户型仅能确保一间居室。在保障性住房建设标准严苛的情况下（如：公租房要求

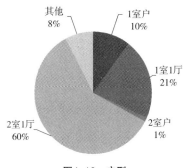

图4-12　户型

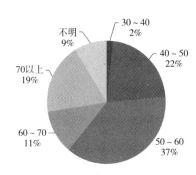

图4-13　户型建筑面积

建筑面积 40m²), 难以满足一般低收入家庭成员"分室就寝"的要求,
降低了居住质量 (图 4-13)。

（2）功能空间配置、功能空间面积分配存在不足

在对上海市廉租住房居住行为的调查中, 发现在廉租住房面积
受限的情况下, 居民首先希望解决"分室就寝"问题, 其次是希望
能够确保子女有独立起居空间, 可以安静地学习。因此, 与其确保
有一间较大的卧室, 就寝、起居、就餐、待客等混合使用, 不如缩
小每个居室的面积, 增加居室数, 扩大"厅"的面积, 也就是应强调"大
厅小卧"。

在本次调查中还发现, 各地的保障性住房仍存在很多"多代合寝"
或"非居室就寝"（如厅、阳台等）现象, 居室数不足, 无法实现"分
室就寝"。随着家庭人口的增加, 居民的就寝行为逐渐向居室以外的
其他空间移动, 同时, 行为满意度逐渐降低（图 4-14）。

在所调研的各地保障性住房实例中, 专用客厅、餐厅的情况比
较少见, 多为客餐合用, 并且因面积窄小, 单设餐桌、不设沙发,
或单设沙发、不设餐桌的情况较多（图 4-15）。

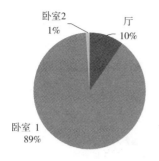 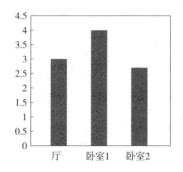

（a）主人夫妇就寝位置与满意度

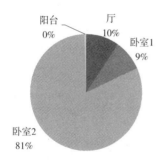 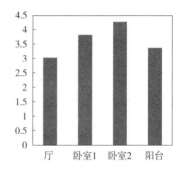

（b）子女（第1位）就寝位置与满意度

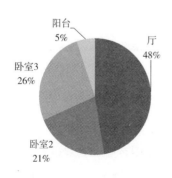 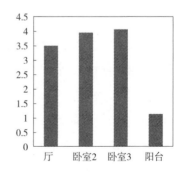

（c）子女（第2位）就寝位置与满意度

图4-14　就寝位置与满意度

（a）常州　　　　　　　　　　　　（b）铜川

图4-15　保障性住房的"厅"

从调查看，厅里的主要发生行为为就餐、日常待客、家里人聊天、看电视等，涵盖内容丰富，行为交叠严重（图4-16～图4-19）。在对厅的意见中，面积小，吃饭、待客、起居共用一张方桌或沙发，无法转身等的反馈比较多见。

对于厨房的意见，主要集中在操作台面较短，切菜、备菜空间较小以及厨房储藏面积不够等问题上（图4-20）。

对于卫生间，洗澡空间狭小等意见的反馈比较突出。

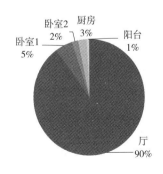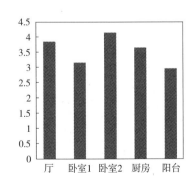

图4-16　就餐位置与满意度

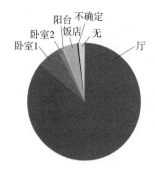
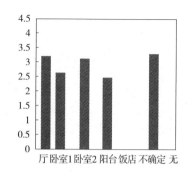

图4-17 日常待客位置与满意度

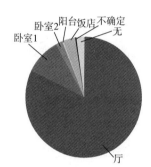
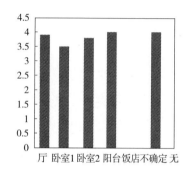

图4-18 家里人聊天位置与满意度

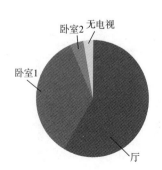
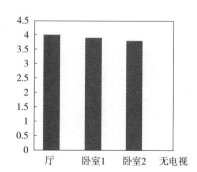

图4-19 看电视位置与满意度

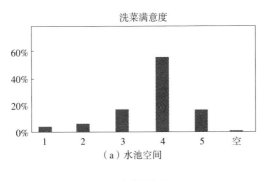

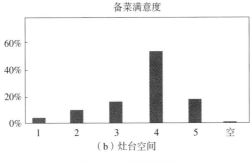

图4-20　厨房满意度

调研中，居住家庭对厨房、卫生间空间大小的总体满意度较高。但是，在个别行为操作空间上仍有不满意见。

2. 居住性能问题

（1）日照问题

保障性住房设计可以满足"冬至日1小时满窗日照"的要求。但各地对日照的意见反映较多，其中不但有深圳等对日照要求不高的南方地区，也包括天津、西安、沈阳等北方地区。意见主要集中在特大、大城市中。此类城市地区因保障性住房建设任务量大，土地供应矛盾比较突出，规划设计方在确保容积率、满足日照要求之间常常左右为难。

（2）消防疏散问题

在各地调研中发现，特大、大城市保障性住房小区建设容积率较高是一种普遍现象。有些城市的保障性住房层数已经达到 30 层及 30 层以上。

依据相关消防疏散规定，随着建筑层数的提高，电梯的设置台数会有所增加。但由于保障性住房每户面积小，每层户数较多，居住人口也较多，按照现行电梯设置标准，不但会造成上下班高峰时间各层上、下楼人员在电梯厅长时间聚集、等候，出入不便，同时也增加了突发灾害发生时人员疏散的时间，降低消防疏散安全性。

（3）无障碍设计问题

在本次调查的家庭成员年龄构成中，60.2% 的人口为 40 岁以上，人口构成老龄化趋势比较明显，对住栋、户内的无障碍设计要求也比普通住宅更为迫切。

此外，老年住宅、无障碍住宅设计要求室内空间尺度大于普通住宅，但在调研中发现，由于存在上下楼层结构对位、厨卫对位等问题，一直难以在住宅设计实践中实现。

3. 装修设计

各地保障性住房装修标准差异较大，个别地方保障性住房建设项目的廉租住房、公共租赁住房装修标准偏低，如水泥洗菜池、水泥抹灰操作台等。

廉租住房、公共租赁住房的承租住户为社会低收入阶层，年龄以中、老年人、残疾人为主，在经济条件上往往很难再有很大改观，一旦入住很难迁出，入住之际即做好长期居住的打算。很低的装修水平会导致住户入住后的二次拆改，不利于建筑结构安全。

在本次调查中发现，70% 的保障性住房交付时附带简单装修，厨、卫部分装修、设备到位。但居民入住后，近 60% 的住户均不同程度地对室内装修、设备设施等进行了装修改造（图 4-21）。

个别小区居民入住后住户改造较为严重，如承重墙开洞、移动卫生间隔墙、改变卫生间上下水等，存在一定安全隐患。

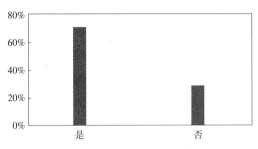

图4-21　住房交付时的装修情况

"是"—简装；"否"—毛坯房

（四）建筑施工

1. 施工质量问题

2011 年，中央领导对确保保障性住房建设施工质量问题多次作出重要指示，各地行政主管部门认真贯彻落实。在与各地行政主管部门的座谈中了解到，"严把施工质量关"、"严格的施工审查验收制度"是各地行政监管的工作重点。

从对各地保障性住房建设情况的调查上看，虽在个别小区存在粉刷、防水处理等方面的施工质量问题，但从整体上看，保障性住房建设施工状况良好。

2. 建筑产品、技术选用问题

各地对保障性住房建设施工产品、技术的选用管理相对宽泛，对多数选用的材料、产品、技术并没有严格的准入标准，一事一议的情况较多。

目前，保障性住房建设采用开发商代建代管方式的较多，加强对开发商在施工产品、技术选用上的质量监管，不但可以严格控制住房开发建设成本，同时，可以监管住房建设质量，也有益于保障性住房开发建设长效化、常态化机制的建设。

3. 新型建造技术体系的应用问题

新型产品、技术在保障性住房建设中的应用实践，以深圳为首，表现突出，包括新型产品在保障性住房小区中的示范性应用、新型建造技术在保障房建设工程项目中的具体实施，如深圳的龙阳保障性住房项目等，走到了国内房地产行业的前列。

特大、大型城市由于保障性住房建设任务繁重，存在工期紧张，同期开工项目较多，行政管理、设计、施工人手不足等问题。为了提高建设效率、确保建设质量，推广新型建造技术在保障性住房建设中的应用非常必要。

（五）物业管理

目前对住房日常维修维护的重要性认识不足，但多数小区刚刚交付使用，日常维修、维护问题尚不突出。有些城市虽然在物业管理规定上有对住房的定期检查规定，但落实执行力度仍有不足。

小区物业管理一般人手较少，涉及专业较多，对物业管理人员的技术全面性要求也较高。但是就目前各小区物业的现状看，从业人员庞杂、技术水平参差不齐等问题仍旧存在。

（六）信息化管理与认证评价

青岛、常州、武汉、天津、西安等地都在积极筹建本地区保障性住房信息化平台，包括保障家庭信息平台、保障性住房管理信息平台等。由于各地都处于信息化平台建设初期，具体运行效果如何尚需时间检验。

目前，保障性住房小区投入运营后，物业维修过程多采用纸面记录，既不便于行政管理部门对保障家庭准入、退出的定期审核检查，同时，也不便于对住房实际使用情况的具体把握。

此外，住宅部品认证、性能评价等是目前国家层面正在推广的技术服务，但由于多方面原因，在地方普通住宅建设中的推行效果并不理想，更别提在保障性住房建设上了。

四、小结

"十一五"后，保障性住房建设进入高潮。经历了近 5 年的大规模快速建设后，各地保障性住房建设成绩斐然。各地保障性住房建设任务完成较好，在立项选址、配套设施建设以及住宅单体设计质量、施工质量、后期运营管理方面均取得了很大进步。

目前，保障性住房建设面临的主要问题有如下几个方面。

（1）规划设计精细化程度尚有不足。在立项选址、设施配建、室内功能配置、细部节点等方面，各地都存在着细节考虑不周的问题，需要在现有成绩的基础上，进一步强化精细化设计。

（2）推广适用性新技术、新产品的力度不足，政府工程的示范作用未得到充分发挥，施工质量管理、产品技术准入管理水平均有待提高。

（3）对公共租赁住房、廉租住房后期运营维护的重要性认识不充分，对相应技术、产品的配套建设考虑不足。

（4）保障性住房信息化平台建设不成熟，各类认证、评价工作在保障性住房中的实施办法尚未明确。

第5章 低收入居民户内居住行为

1998年，我国城镇住房制度改革开始，住房供给由"福利分配"转为"市场购买"，对于那些无法通过房地产市场解决住房问题的低收入家庭，中央提出以廉租住房来解决。2005年后，国家相继出台政策，要求各地尽快"落实廉租住房制度，保障城镇低收入家庭住房需求"，不但确立了廉租住房建设在当前的经济形式下的重要地位，同时也将廉租住房作为一项长期的住房保障制度固定下来了。2008年，为拉动经济，国家计划投资9000万亿用于建设保障性住房，包括廉租住房建设，计划在3年内解决709万户城市低收入住房困难家庭的住房问题，其中新增廉租住房实物房源518万套，廉租住房制度进入实际操作阶段。

为了使如此巨大的投资能发挥最大的社会效益，事前进行精准的规划、设计是必不可少的，同时，随着廉租住房建设在全国范围内的大面积进行，对城市低收入住房困难家庭的需求与生活特性的基础性研究就越发显得重要与急需。

但是，2000年后，随着住房供给商品化改革的深入，对商品住宅设计标准的控制开始放松，商品住宅的面积、户型和功能布局、设施设备配置等开始逐步就高不就低，住房套面积标准越做越大，越做越高。同期，住宅设计相关理论研究、技术标准修订等也都针对"大"户型展开，"小"户型，特别是以低收入住房困难家庭为对象的廉租住房、公共租赁住房、经济适用住房建设配套的设计标准、技术文件等存在多处缺漏项，规范、标准制定的理论支撑明显不足。

廉租住房制度建设之初，中央相关部门并未对廉租住房保障标准进行明确规定，2007年，中央决定扩大廉租住房制度的保障范围，保障对象由原来的"城镇最低收入家庭"扩展为"城镇低收入家庭"，同时，明确廉租住房的保障标准应限定在 50m²（建筑面积）以内。2009年，在住房和城乡建设部《2009—2011 年廉租住房保障规划》中，则进一步规定廉租住房的保障标准应限定在人均 13m²（建筑面积）以下，最高不应超过 50m²（建筑面积）。

上述规定在建筑法规层面框定了廉租住房实物建设、租金补贴的总体目标。50m² 的面积非常有限，如何有效细分 50m² 面积，满足特定低收入人群最急需的居住功能，无疑是在保障性住房建设技术支撑的构建中，应首先面对的问题之一。

本章围绕上海市享受廉租住房政策家庭（后简称廉租家庭）的居住生活行为，通过客观、真实地把握廉租家庭对住房装修的满意度、使用实态，利用数理分析等技术手段，明确影响居民居住评价的主要生活行为，进而掌握在廉租住房设计中需解决的主要问题。

目前我国对廉租住房等保障性住房的设计有着较严格的面积限制，而且这种限制是严格、具体地落实到各省、直辖市级别，因此，保障性住房功能设计很难做到如大户型那样的面面俱到。抓主要矛盾，在有限的条件下，最大幅度地提高居民居住满意度，才是廉租住房设计的关键。

在我国以往对城市居民居住需求的研究中，多采用案例分析的方法，举证个别事例，凭借研究者的一般经验分析推断事物的普遍特征。近年来，国内有些研究开始出现强调基础调查与数据统计的倾向，但是，由于数据收集的困难以及统计分析手段仅仅停留于数据集计、求平均数、比较百分数值的水平上，造成了课题研究有调查、有数据、有统计，但却无最终结果，或结果零散，无法形成明确的观点，出行不知所云的局面，研究的方法亟待改善。

新中国成立后，上海因地处我国经济发展最活跃地区，城市住房问题一直是困扰各方的主要症结之所在，曾长期成为阻挠当地经济发展的最大民生问题。因此，以上海市廉租家庭作为城市低收入住房困难问题的研究切入点，不但具有代表性，可以为其他城市的廉租住房工作提供示范与参考，同时也能够为今后上海市保障性住房技术支撑体系构建提供理论研究依据。

一、调查概要

长久以来，上海的住房问题一直非常严重。1978 年，上海市的人均居住面积不足 4.5m²。至 1989 年，上海市区人均居住面积也仅为 6.4m²，人均居住面积 4m² 以下的困难户约有 30 万户，365 万多平方米的危棚、简屋亟待改造。根据 2000 年人口普查，上海市户籍人口中仍有 90 万户家庭生活在人均居住面积 7m² 以下的住房中，因此，上海市解决低收入家庭住房困难问题的工作任重而道远。

2000 年，上海市政府率先落实中央的廉租住房政策，在全市各区县积极推进廉租住房制度建设，迄今为止已经建立了一套较为完备的管理制度体系。尽管如此，保障覆盖效果却并不尽如人意，截至 2005 年底，上海市廉租住房制度的保障范围尚不足户籍总数的 1%。

上海市率先落实中央的廉租住房政策，但住房保障的匮乏问题仍非常突出，围绕上海市低收入住房困难家庭进行居住特征研究非常具有代表性。

20世纪90年代，上海市政府曾结合中心区房地产开发和基础设施建设，对老城区进行推光式改造。同时，还在城郊建设住宅区，安置动迁居民。本次调查对象就是该类住宅区中享受廉租住房政策的家庭。

由于历史原因，上海市低收入住房困难家庭原来多集中居住在棚户、简屋等密集的浦西老城区。在本次调查中，没有直接选择他们作为调研对象，而是选择了动迁安置后，动迁安置小区中的廉租家庭作为调查对象，这主要有如下一些考虑：

（1）棚户、简屋不但面积狭小，装修陈旧，而且很多设施不全，设备老化，住房功能空间不全，以这样的住房作为调查对象进行居住评价的调查与需求分析，可能会导致最终结果标准偏低。

本次所调查的住宅建筑均建于20世纪90年代中期，与目前常见的普通集合住宅设计理念、标准较为接近，对它们的评价应该更接近于城镇低收入家庭对新的紧凑型廉租住房设计的真实需求。

（2）上海市廉租住房"实物配租"住房数量很少，且分布零散，房型多样，无法直接对"实物配租"家庭进行入户实态调查。本次调查对象均为"租金补贴"家庭。

所调查住房最初都是"公有住房"。因是动迁安置房，所以格局紧凑，标准相对不高。1998年后，虽然上海市政府鼓励"公房私有"，但是因为租金低廉，很多家庭仍只租不买。从投资方式、设计标准、分配方式以及目前的所有权状况来说，这些住房也可被看作是拥有特殊历史背景的"廉租住房"。对这些住房居住家庭的生活行为的研究，可以基本反映上海市廉租住房使用的实际情况。

（一）调查实施

2008年11月至12月，我们对上海市宝山区呼玛、通河地区的廉租家庭进行了调查（见第2章图2-4、图2-5）。该地区建设于

1995 年前后，是配合老城区基础设施改造而建设的动迁安置区。

调查采用室内拍摄、居住平面绘制、访谈等方式，对廉租家庭进行了入户实态调查。其中，除询问调查对象的家庭基本情况、入住前后的住房基本信息外，重点对廉租家庭的生活行为以及他们对各行为空间的满意程度、存在的问题等进行了访谈（见第 2 章表 2-6）。

本次调查，共 68 户，其中 8 户为"无房户"，不计入以后的统计分析，因此，有效样本为 60 户。

（二）调查对象

调查对象的家庭人口构成虽仍以核心户为主（占总数的 60%），但主干户、联合户、其他户等多代、混居、大家庭所占比重（占总数的 47%）明显较高（见第 2 章表 2-7）。

调查对象的住房建筑面积在 35 ～ 60m² 之间，户型以"一室一'方厅'"（"黑厅"）为中心，有 1 ～ 2 间卧室，为比较典型的上海地区 90 年代建设的紧凑型小户型住宅。在住宅各功能空间使用面积、居室数量、户内设备设施配置上，均符合国家和上海市对廉租住房面积的相关建设要求（见第 2 章表 2-10）。

与普通住宅设计标准相比，所调查住户卧室、厨房的平均使用面积均高于普通住宅设计标准要求，卫生间使用面积接近，"方厅"较小或未设，平面格局为明显的"大卧小厅（或无厅）"型（表 5-1）。

表5-1　功能空间平均使用面积

	方厅	卧室1	卧室2	厨房	卫生间	阳台
调查平均值	7.75	13.41	10.75	4.66	2.94	3.87
普通住宅标准	> 12	> 10	> 6	> 4	> 3	—

注：（1）表中单位：m²；

　　（2）普通住宅标准根据《住宅设计规范》（2003年版）GB50096-1999的相关条文。

二、居住生活行为空间与住房满意度的主成分分析

（一）居住生活行为

岩井一幸等在其著作《住の寸法》(《居住的尺寸》) 中列举了居住者的主要居住生活行为[①]。以此为基础，本次调查抽取了中国廉租家庭可能的生活行为共 16 项。

依据本次调查统计结果，将廉租家庭在户内各功能空间进行各种生活行为的频度整理如表（表 5-2），由该表发现如下问题。

（1）住房户内发生的个人、公共、劳动等各类生活行为相互交叠，互相影响，出现了很多"非常规"的空间使用方法，如子女在厅、阳台内学习、就寝等，其中，在主要卧室发生此类"非常规"使用方法的情况最为严重。

（2）户内主要烹饪、个人卫生行为分别发生于厨房、卫生间，但部分洗漱功能是由厨房承担的。

虽然在户内面积上，调查对象住房符合国家与上海市对廉租住房的设计要求，但是在实际使用中，各生活行为在同一空间交叠发生、相互干扰的问题非常严重。

表5-2　居住生活行为

部位 生活行为	方厅	卧室1	卧室2	厨房	卫生间	阳台	天井	其他
就寝（主人）		⬤	·			·		
就寝（子女）	·	·	·			·	·	
就寝（父母）			·		·	·	·	
就寝（其他）	·		·					
生涯学习（看书）	·	⬤	·					
生涯学习（写东西）	·	⬤	·			·		

① 岩井一幸，奥田宗幸．住の寸法 [M]．第 2 版．日本：彰国社，2007.

续表

生活行为＼部位	方厅	卧室1	卧室2	厨房	卫生间	阳台	天井	其他
子女学习	●	⬤	●				●	
整装		⬤			●			
入浴（淋浴）					●			
入浴（盆浴）					●			
洗漱				●	●			
更衣（主人）		⬤						
更衣（子女）		⬤						●
更衣（父母）	●		●					
更衣（其他）			●					
就餐（家庭内部）	⬤			●				
就餐（亲朋聚会）	●							
待客（亲朋）		⬤						
待客（一般客人）	●	●		●				
家庭团聚		⬤						
看电视（主人）		⬤						
看电视（子女）		●					●	
看电视（父母）		●						
洗涤	●				●	●	●	
晾晒（晴天）	●					⬤	●	●
晾晒（雨天）	●			●		●		
生鲜放置				⬤				
冰箱放置	●	●		⬤				
烹饪				⬤				
储物	●	⬤	●	⬤		⬤	●	

注：（1）图例　● 1～20户；　● 21～40户；　⬤ 41户以上。
（2）有47%的住户的就寝行为中存在两代合住或幼年异性子女合住现象。
（3）晾晒行为中，有20%的住户晴天挑晒到室外，有7%阴天晾晒至公共楼道。
（4）烹饪行为中，有7%的住户的烹饪准备行为在主要卧室内进行。
（5）表中单位：户。

（二）满意度的主成分分析

要提高廉租家庭居住水平，首先需了解他们对现居住空间的评价。目前对评价的分析常采用指标集计、算均值、再比较的方法，而不考虑指标间相互关系，无法对指标体系比较模糊的结构进行准确分析。这里则采用主成分分析确定指标影响权重，对多指标进行综合分析的方法。

1. 行为空间满意度和生活行为重要度

调查时请被调查者按5分制，分别对目前各居住生活行为发生空间——居住生活行为空间（行为空间）的满意程度打分，得到行为空间满意度（调查值）（S_i，i=1，2，…，m（样本数））。

有些行为虽无法得到满足，但并不一定会妨碍廉租家庭的日常生活（如整装，多数被调查者都回答无像样的整装空间，但因家里无人有化妆习惯，所以有没有整装空间也并不是很重要）。为了还原居民对各行为空间的真实评价，本研究增加了被调查者对生活行为重要性的5分制评分，得到了生活行为重要度（调查值）（I_i，i=1，2，…，m）。

以 I_i 为修正值，廉租家庭的行为空间满意度（计算值）（E_i，i=1，2，…，m）如下。

$$E_i = I_i \cdot S_i \ (i=1, \ 2, \ \cdots, \ m) \qquad （式1）$$

2. 主成分分析模型

主成分分析是统计学的分析方法之一，常用于解决经济学、社会学中多变量、复杂系的问题。主要分析思路就是将原来众多具有一定相关性的指标重新组合成新的互相无关的几个综合指标，同时，根据实际需要从中抽取几个主要的综合指标，尽可能多地反映原指标的信息。通常数学上的处理就是将原来的 P 个指标 X_p 作线性组合，作为新的综合指标 F_p，称为第 p 主成分。其数学模型如下。

$$F_1 = a_{11}X_1 + a_{21}X_2 + ... + a_{p1}X_p$$
$$F_2 = a_{12}X_1 + a_{22}X_2 + ... + a_{p2}X_p$$
$$......$$
$$F_p = a_{1m}X_1 + a_{2m}X_2 + ... + a_{pm}X_p \qquad （式2）$$

其中，a_{1i}，a_{2i}，...，a_{pi}（i=1，...，m）为 X 的协差阵的固有值所对应的特征向量；X_1，X_2，...，X_p是原始变量经过标准化后的处理值，本章中为 E_i。

3. 行为空间满意度的主成分分析

计算各行为空间平均满意度（计算值）以及满意度总平均值（图 5-1）。为了得到更典型的计算结果，本章按照如下式 3 选取对应居住生活行为为变量。

行为空间平均满意度（计算值）＜满意度总平均值 　　（式 3）

即不满意程度高的生活行为作为本次主成分分析的原始变量，共得到 8 个变量：

X_1——就寝　　　　　　X_2——子女学习

X_3——洗漱　　　　　　X_4——就餐

X_5——待客　　　　　　X_6——洗涤

X_7——晾晒　　　　　　X_8——储物

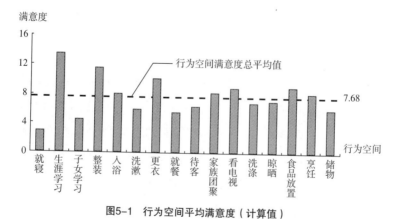

图5-1　行为空间平均满意度（计算值）

运用统计分析软件对上述变量进行主成分分析。通过方差分解主

成分提取分析，提取主成分对应固有值大于 1 的前 m 个主成分，共得
到 3 个主成分（p=3）及 3 个主成分的初始因子负荷矩阵（表5-3）。

表5-3 行为空间主成分负荷

生活行为变量	第1主成分	第2主成分	第3主成分
就寝	0.94	−0.11	0.21
洗漱	0.87	0.16	−0.03
洗涤	0.71	−0.36	−0.18
储物	−0.47	0.32	0.41
就餐	0.10	0.89	−0.12
待客	0.48	0.55	−0.31
子女学习	0.20	0.47	0.81
晾晒	0.21	−0.41	0.69
固有值	2.69	1.75	1.50
累积寄与率（%）	33.60	55.44	74.15

就寝的个人性行为和洗漱、晾晒等卫生、劳动性行为在第 1 主
成分上有较高的负荷，说明该成分反映了上述行为的信息；而就餐、
待客在第 2 主成分上有较高的负荷，说明该成分反映了社会性行为
的信息；同样，第 3 主成分则反映了储物、洗涤的信息。这 3 个新
变量（F_1，F_2，F_3）可以代替原来的 8 个原始变量。

用因子负荷除以主成分固有值的平方根，得到 3 个主成分各变
量对应的系数，建立主成分数学模型。以主成分固有值占固有值总
和的比重，分别计算各变量在主成分综合得分中的权重，得到居住
空间满意度的综合得分模型：

$$Y=0.28X_1 + 0.33X_2 + 0.27X_3 + 0.20X_4 + 0.19X_5 + 0.08X_6 + 0.11X_7 + 0.03X_8$$

（式4）

在该模型中，各变量对应的系数即为该行为空间评价对居住空间满意度的影响权重。它们按照子女学习、就寝、洗漱、就餐、待客、晾晒、洗涤、储物的顺序，逐渐降低，对居住空间满意度的影响逐渐减弱。

（三）综合分析与建议

1. 综合分析

以 8 个变量的满意度平均值为横轴，以影响权重为纵轴绘制象限图（图 5-2）。子女学习、就寝、就餐 3 个变量的影响权重较高，且满意度较低（象限 1），急需得到改善；而晾晒、洗涤、储物的权重较低，满意度相对较高（象限 4），在资金不足、面积紧张的情况下，可以暂时维持现状，仅做小改善。具体分析如下。

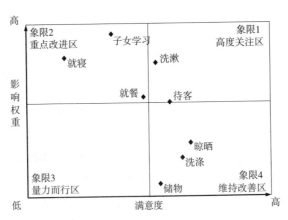

图5-2　满意度与影响权重的象限图

（1）对廉租家庭来说，子女学习、就寝、就餐条件的改善最为重要，也最为迫切。而且总体上，个人性行为空间——子女学习、就寝空间的确保要比公共性行为空间——就餐、待客的要求强烈。

"就希望有间小孩的房间……小孩学习就不敢说话、看电视，怕影响她学习", "自己做了一张木板, 下面安上 4 个轱辘, 白天推到大床下面, 晚上拉出来, 铺上被褥就当作孩子的床" (图 5-3)。

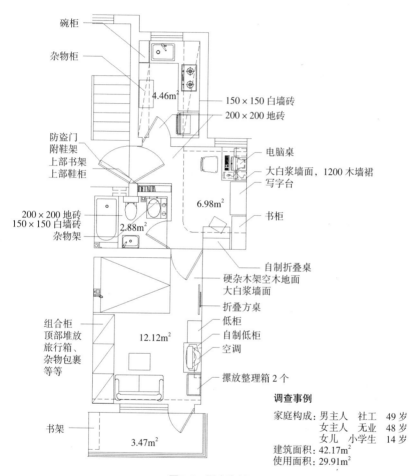

碗柜

杂物柜

4.46m²

150×150 白墙砖
200×200 地砖

防盗门
附鞋架
上部书架
上部鞋柜

电脑桌
大白浆墙面, 1200 木墙裙
写字台

6.98m²

书柜

200×200 地砖
150×150 白墙砖
杂物架

2.88m²

自制折叠桌
硬杂木架空木地面
大白浆墙面
折叠方桌
低柜
自制低柜
空调

组合柜
顶部堆放
旅行箱、
杂物包裹
等等

12.12m²

摆放整理箱 2 个

调查事例

家庭构成: 男主人　社工　49 岁
　　　　　女主人　无业　48 岁
　　　　　女儿　小学生　14 岁
建筑面积: 42.17m²
使用面积: 29.91m²

书架

3.47m²

图5-3　调查事例

这些家庭虽然在动迁时, 按照家庭人口构成, 分到住房, 改善了居住条件, 但十多年后的今天, 因添丁进口、子女成长等原因, 正面临着子女学习、混寝等一系列问题, 长大的子女急需拥有一间自己独立的房间。

调查住户的方厅在解决廉租家庭的"寝食分离"上发挥了很大的作用，得到了廉租家庭的肯定。但是，当子女分寝和就餐发生矛盾时，就餐空间往往被牺牲。廉租家庭普遍使用折叠桌椅，以节省空间。

"没有正式放餐桌吃饭的地方"，"如果人多，就只能将桌子拉到房间中央了"，"人多坐不下，就是坐下了，旁边也没法过人了"等，反映出了就餐行为在此类小户型住宅中的尴尬境地（图 5-4）。

相对于就餐来说，廉租家庭对亲朋好友来访、款待来客的要求显得非常无奈。

"亲戚朋友们都知道我们家房子面积小，所以要聚会也不来我们家"，"老婆是外地人，本地没多少亲戚走动"，"家里穷，没人来做客"等，受经济条件、社交圈子等因素的影响，廉租家庭对公共性行为空间的需求受到压抑。

（2）个人性卫生行为——洗漱位置的确保要比劳动性行为——晾晒、洗涤空间的要求更强烈，廉租家庭对它们的不满往往由分寝引起。

在设计上，调查住房厨房、卫生间的平均使用面积基本接近或超过普通住宅设计标准，当初交房时，或甩管，预留了厨卫设备的位置（毛坯房），或已配置了简单的厨卫设备（陶制便器、面盆，水泥制水槽，水泥操作台等，粗装修），因此，廉租家庭对厨房、卫生间的微词相对较少，多认为"（面积大小）尚可"[1]。

---

[1] 廉租家庭对行为空间满意度（调查值）以低取值为主。为强化这种倾向，生活行为重要性的评价取值与重要性成反比。

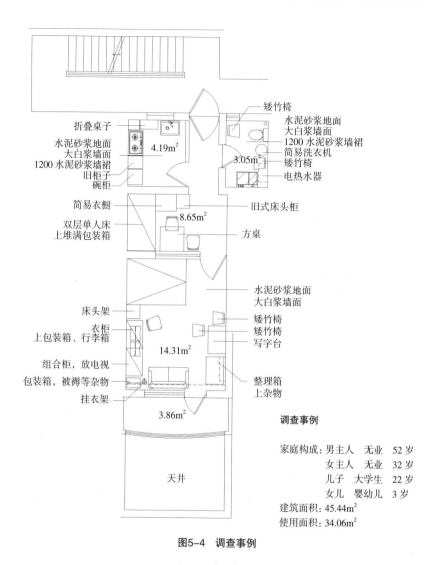

折叠桌子

水泥砂浆地面
大白浆墙面
1200 水泥砂浆墙裙
旧柜子
碗柜

4.19m²

矮竹椅
水泥砂浆地面
大白浆墙面
1200 水泥砂浆墙裙
简易洗衣机
矮竹椅
电热水器

3.05m²

简易衣橱
双层单人床
上堆满包装箱

8.65m²

旧式床头柜
方桌

床头架
衣柜
上包装箱、行李箱
组合柜，放电视
包装箱，被褥等杂物
挂衣架

14.31m²

水泥砂浆地面
大白浆墙面
矮竹椅
矮竹椅
写字台
整理箱
上杂物

3.86m²

天井

调查事例

家庭构成: 男主人 无业 52 岁
女主人 无业 32 岁
儿子 大学生 22 岁
女儿 婴幼儿 3 岁
建筑面积: 45.44m²
使用面积: 34.06m²

图5-4 调查事例

但是，为了解决混寝问题，有些家庭将阳台与卧室打通，重新装修，改成了学习角和子女就寝空间，本应设于阳台的洗衣机被挪至卫生间。原本按3件设计的卫生间内，洗面盆或被取消，用厨房的水槽代替，或被挤至角落，无法正常使用。此外，阳台成居室后，阴雨天时，衣物的晾晒就成了问题。

"（碍事儿）也没办法，只能挂在阳台"，"挂在卫生间"，"（室内）走道"阴干，甚至移到户外公共走道（图5-5）。

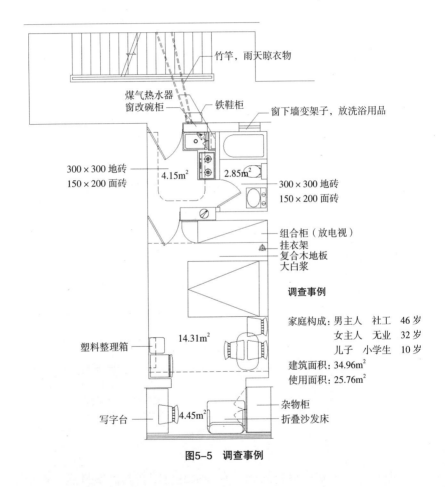

图5-5　调查事例

同样，由于廉租家庭要求与父母分寝，住在首层的家庭多将主卧室外面的天井连带阳台改成一间次卧室，其结果不但牺牲了原来卧室正常的采光和通风，晾晒空间也被挤占了（图5-6）。

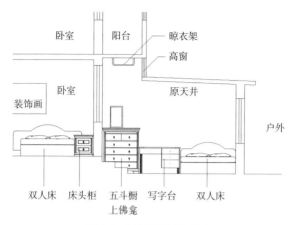

图5-6　调查事例天井剖面

（3）廉租家庭对储物空间的需求并没有占据主要的位置。

廉租家庭对储物的考虑差别较大。有些家庭为了满足储物要求，想方设法增加储藏面积。

"东西实在没地方放，能做吊柜的地方都做了柜"，"东西只能到处塞，哪里有地方塞哪里"（图 5-3、图 5-7）……

图5-7　调查事例室内

　　有些家庭则为了不增加储藏面积，有意控制储物的数量。

　　"家里太小，没地方放，所以也不敢买。""家里没钱，所以也不买"，"不用的马上扔掉，就没有那么多东西了"（图5-8）……

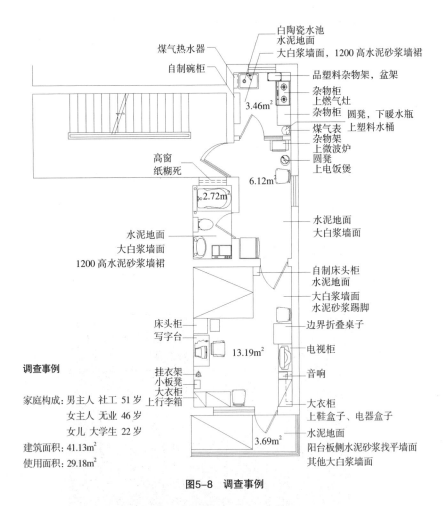

图5-8　调查事例

　　廉租家庭对目前储物空间的评价比较分散，褒贬不一。廉租家庭对储物行为的评价，除了与空间大小有关外，可能还与家庭生活习惯、人口构成等有关，影响因素较为复杂，对它的研究需留待今后专门进行。

2. 改进建议

（1）寝室分离

20世纪50、60年代，日本政府面临战后城市住房匮乏问题，根据实际需求，首先要解决的是住户"寝食分离"问题。但与日本不同，我国应首先解决家庭成员分寝、子女生活空间独立的问题，即强调"寝室分离"。

"一室"或"一室一厅"虽然能够暂时缓解两口之家的一时之需，但长远来看，他们既不太可能随着人口的增加，顺利地被调配到更大面积的廉租住房中去，也不太可能很快脱贫致富，自行解决住房问题，一度满足要求的廉租家庭很可能再次沦为住房困难户。因此，应尽量减少"一室"住房的建设数量。

同时，廉租家庭的人口构成虽然以核心户为主，但和普通家庭相比，主干户、联合户等大家庭较多，因此，廉租住房建设还应适当增加三室户的比例。

（2）公私分离

在满足"寝室分离"的前提下，应确保就餐等公共性行为空间的专有，尽量做到寝食甚至是公私行为的分离。

廉租住房建设使用的是社会公共资金，对户型建筑面积与设计标准的严格控制在所难免，因此，对行为空间分离的努力也应根据地区经济的发展水平循序渐进，量力而行。寝室分离、寝食分离、公私分离，这个过程既是卧室功能单纯化、面积缩小的过程，也是公共空间不断充实、面积扩大的过程。在套型建筑面积有限的情况下，"大厅小卧"应该是廉租住房平面格局的最终稳定形态。

三、小结

在上海市廉租家庭居住的住房内，个人性、公共性、劳动性生活行为相互交叠，相互影响严重，直接引发居民对住房使用的不满。其中，子女学习、就寝、就餐空间的改善要求最为迫切，且对确保个人性行为空间的需求要强于公共性行为空间。因此，在廉租住房设计中应首先保证"寝室分离"，以"二室"为中心，减少"一室"，增加"三室"，在此基础上，逐步做到"寝食分离"、"公私分离"，实现"大厅小卧"。

第6章　低收入居民户外居住行为

在 2011 年的"全国保障性住房建设与使用情况调查"中，依据对调查数据的统计，我们发现在保障性住房住区选址、住区规划方面存在如下 3 个问题。

第一，各个城市保障性住房小区均选址在城市近、远郊，且大多数是后者。

第二，除了沈阳、西安及部分二级城市（如营口、铜川等）外，保障性住房建设均为集中建设，并且主要为高层、超高层住宅小区，建设规模较大（如重庆、天津等）。

第三，从室外看，建设者虽对环境绿化、游憩空间和设施配置等均有所考虑，但是，在对居委会、居民的"深度访谈"中，我们仍发现若干物业管理方面问题。

（1）每个小区都会有相当数量的居民因各种理由拒缴房租、物业费[1]，小区日常运营、维护基本都是依靠当地政府的财政拨付，入不敷出。

（2）小区的公共环境、设施甚至居民放在户外的自有物品、车辆等遭人为破损频度居高不下，物业管理力不从心[2]。

（3）小区安全堪忧，打架、偷盗、刑事伤人案件等均不同程度地存在。

---

[1] 因都是廉租住房、公共租赁住房等政府"租金补贴"住房，因此，房租、物业费等已经在周边市场价格的基础上作了折价与减免。

[2] 物业反映：因经费问题，物业无法扩充人手，常常 1 人多用，实在忙不过来。

上述问题存在的原因是多种多样的，如集中化、大型化、高密度化等。该类小区居民彼此关系淡漠，对居住小区无归属感、爱护感，是问题产生的主要根源之一。

在调查中，各地居委会、居民均反馈：如果该小区居委会经常组织居民活动，或是居民自发组织活动较多，居民活动影响较大，那么该小区居民之间的熟识度一般会较高，居委会对小区的管控能力也较强，小区的居住环境、邻里关系也会相对较好。例如在对重庆市公共租赁住房小区的调研中，居委会就曾明确指出"×××小区公共空间的硬地面积较大，可以组织各类户外活动，居民间关系较好，较好管理"等，从一个侧面反映出了曾在设计中"翻来覆去"地说的"虚"词——人际"交往"在促进中、低收入人群对自身居住住区产生归属感、爱护感，创造"和谐社会"等方面，确实能够发挥一定的"融合"、"粘结"的作用。

因此，小区公共空间规划不单单是绿化面积大，视觉景观"好看"，研究如何通过合理的住区规划设计（包括空间规划、小品和设施配置等）吸引居民们走出"蜗居"，提高户外活动频率，丰富户外活动内容，增进"邻里交往"意愿等，无论对居民个人还是社会群体，都有着极其重要的意义。

上海市的大型居住社区建设起于21世纪初，原本是为了应对城市快速扩张、城市基础设施建设，而依托近、远郊区城镇建设的"重大工程配套商品房"建设基地。2009年，上海市以上述建设基地为依托，以保障性住房建设为中心，开始了第一批15个大型居住社区建设。2013年公布了第二批23个。第一批大型居住社区由经济适用房、配套商品房及部分廉租、公共租赁住房构成（前两者占到96%），主要居住人群为上海市户籍人口中的中、低收入家庭。

按照居住家庭来源，上述家庭又可分为2类：①来自中心城区的住房改善型家庭；②来自城郊农村宅基地归并、置换的农村动迁家庭。

由于上海市执行按照建筑面积 1：1 进行宅基地置换的"三个集中"政策,因此,后者在动迁后住房面积方面多有降无升。再加上人口密度、容积率的提高以及集中居住后水、电、煤气、物业费等生活成本的增加等,该部分家庭因集中居住而带来的矛盾更加突出和特殊。

2014 年 12 月至翌年 1 月,我们以上海市浦东新区曹路地区大型居住社区的农村动迁安置住宅小区为对象,对其居民在平日、休日[①]日间[②] 的户外活动进行了全天、全小区的观察,旨在最终能够明了该类小区居民户外活动的基本特征,为优化该类小区公共空间、环境规划提供理论依据。

上海市地处我国中东部,气候条件兼具南北特征,因此,以上海地区居民户外活动为对象开展此类研究具有一定的典型性。

一、调查概要

(一)准备

郭莳等以南京市经济适用住房小区为对象展开了调查,指出南京经济适用房小区缺乏交流、活动空间,小区居民对起景观作用的绿地和小品好看与否也不太关注[③]。

李东君等围绕武汉市农村动迁安置小区居民户外活动进行调查,发现武汉农村动迁居民对户外活动设施要求较低,简单的体育器械、儿童活动场地均非常受欢迎[④]。

---

① 平日:星期一至星期五的工作日。
　　休日:星期六、日休息日及其他国家法定假日。
② 日间:日出到日落。
③ 郭莳.经济适用房小区户外环境的强调功能设计——以香港公屋、新加坡组屋为鉴 [J].中国园林,2008(07).
④ 李东君,查君,许伟.公共生活与"新农村"建设——城市化进程中的"新农村"住区规划设计初探 [J].建筑学报,2007(04).

王承慧、李斌等则以江浙地区农村动迁居民为对象，指出江浙地区农村居民在动迁后，生活习惯仍保留较多农村生活特征，如人际交往以邻居、朋友和亲戚为主，休闲方式以聊天和看电视为主等，但动迁后居民户外活动频次和类型都有所减少，环境景观的改善对提高居民评价贡献不大[①]。

与动迁至城市集合住宅小区的农村居民的活动情况相对，有些研究是围绕我国农村居民在农村的户内、外活动特征展开的。

任燕等通过对浙江农村的调查，认为因村民时间较自由，所以对公共场所的使用需求较大，易形成人流聚集和交往行为[②]。

周晓红等围绕我国主要地区农村居民"自建房"建设实态、使用实态、使用意愿进行深入调查后提出，农村居民自建房的外部形态、平面布局有着它特有的契合建造、使用等功能与理由，不宜违背[③]。同时，农村"自建房"的平面布局依据其农村特有的生产劳作要求，而呈现出特有的布局特点，而且该特点也在逐渐进化、演变中[④]。

基于上述研究积累，目前相关研究的调查或采用问卷、访谈的方式，或是对调查对象的某日日间时间横断面式观察、采录，但缺乏对居民活动的重要影响因素——气候、生活习惯等的持续观察，对居民活动的前因后果缺乏全面性、时序性的客观把握。

因此，本研究计划选择上海市第一批大型居住社区中的农村

① 王承慧.城市化进程中失地农民拆迁安置区规划评析——以南京市为例[J].华中建筑，2009（05）.
　　李斌，李岳.农民动迁后的生活行为变化及评价[J].建筑学报，2009（S1）.
② 任燕，秦丹尼，李斌.自然村落公共空间和居住空间的环境行为研究——以宁波象山D村为例[J].建筑学报，2011（S2）.
③ 周晓红，曹彬，詹谊.农村村民自建房形式研究——"平""坡"之争[J].建筑学报，2010（08）.
④ 周晓红，褚波.农村自建房厅堂使用与家具配置的实态研究[J].建筑学报，2011（S2）.
　　周晓红，殷幼锐.基于调查的农村住宅单体设计[J].新建筑，2014（03）.

动迁安置住宅小区为调查对象，分别在平日、休日各1日日间（7:00~17:00）[1]，按照每隔30分钟即对全小区居民户外活动进行1次观察摄录（全天共21次），对居民户外活动的内容、时序变化、场地日照等进行全面调查把握。

上海的大型居住社区建设目前共有2批。因第一批建设年代稍早，居民基本已入住，并已经在该小区生活过一段时间，有一定的居住体会，因此，本调查计划选择第一批大型社区中已入住的农村动迁安置住房小区。

上海大型社区建设历史可上溯至20世纪90年代，延续至今，在小区规划、住宅建筑规划设计理念、手法、经济技术指标等方面都有一定差别。参考目前我国各省、直辖市保障性住房建设标准——住区规划指标，如容积率、建筑层数、建筑密度、绿化率等要求，同时，综合考虑调查便利性及调研成本，本调查选择了上海市浦东新区曹路大型居住社区的动迁安置小区作为调研对象。

曹路大型居住社区位于上海市的东北端，主要依托原浦东新区的"曹路老镇"（主要城市公共配套服务设施所在地），属于上海市域范围内的远郊区。曹路大型居住社区建设基地至"曹路老镇"尚有一段距离。目前无论是"曹路老镇"还是"曹路大型居住社区"部分，均未通达地铁或其他快速交通，两者之间、两者至上海市区之间的公共交通联系依靠城市公交接驳近郊地铁线路，公交频次较少，运行较慢。远期规划有轨交通线路通过居住社区附近。

曹路大型居住社区目前尚未完全建设完成，还有大量待开发用地、农地。社区级别的公共配套服务设施除了教育设施——中学、小学、幼儿园外，其他配套设施尚不健全，特别是商业设施，如购

---

[1] 根据经纬度计算上海地区12月21日（冬至日）的日出、日落时间分别为6:49、16:56。

物中心、超市、菜场、餐饮等较少，同时，还缺乏配套医疗设施、大型公共绿地、公园等。该地居民生活较为不便。

本调查即选择位于曹路地区大型居住社区的3个农村动迁安置住宅小区——A、B、C小区作为调查对象，开展了历时6天的全天户外活动观察（图6-1）。

图例 ★ 市中心 ● 调查基地

图6-1 调查小区位置

为了探讨小区规划特征，如住栋层数对居民户外活动的影响，尽量减少其他非研究对象因素对小区居民户外活动的影响，所选调查小区除平均层数有明显差异外，小区规划布局类似，即住宅建筑分布于小区周边，中间围绕中心绿地，机动车交通绕行小区用地周边，步行、非机动车交通结合中心绿化系统，穿行在小区用地中心部位，基本实现了一般"人车分流"的交通体系要求。同时，小区内部公共设施配套较为完备，配置有幼儿活动场地和设施、成人运动场地和设施，其中，B、C小区在中心、宅前绿地中，分别配置有1个专门的室外羽毛球场地，A小区因建设较早，未予配置（图6-2）。

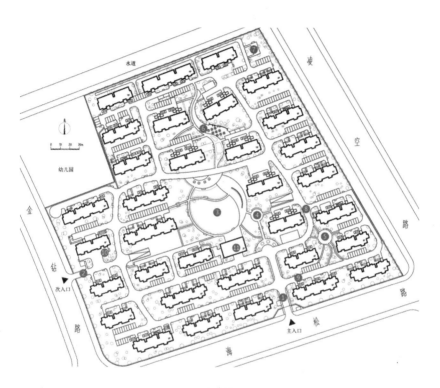

A 小区

用地面积	7.5hm²	平均层数	7.35
建筑面积	11.2 万 m²	容积率	1.5
住宅面积	10.7 万 m²	建筑密度	20%
规划户数	1198 户	绿化率	42%

图6-2　调查小区总平面（一）

B 小区

用地面积	8.9hm²	平均层数	15.62
建筑面积	17.9 万 m²	容积率	2.0
住宅面积	16.5 万 m²	建筑密度	13%
规划户数	1916 户	绿化率	35%

图6-2　调查小区总平面（二）

C 小区

用地面积	4.9hm^2	平均层数	22.41
建筑面积	11.9 万 m^2	容积率	2.45
住宅面积	10.0 万 m^2	建筑密度	11%
规划户数	1146 户	绿化率	35%

图6-2　调查小区总平面（三）

（二）实施

本次调查过程及主要调查内容整理成表 6-1。正式调查于 2014 年 12 月至翌年 1 月之间，即上海冬至日附近进行。在正式调查前曾作过多次预调查；之后，针对正式调查中的不足，查缺补漏，又主要针对居委会工作人员进行了补充调查。

表6-1　调查过程

阶段	时间	内容	对象
预调查	2014 年底	访谈	居委会
正式调查	2014 年底至 2015 年初	观察	居民
补充调查	2015 年初	访谈	居委会

在正式调查期间，每个小区分别选取天气晴好的平、休日各 1 天，从 7：00 至 17：00，每隔 30 分钟，沿着既定路线对整个小区户外空间的居民活动情况进行摄像、记录，每天共获得 21 个时间点 /（日·小区），每个小区调查 2 日，共 3 个小区，总调查天数 6 天。本次调查共获得有效样本 4551 人次（表 6-2）。

表6-2　调查样本

	A 小区	B 小区	C 小区	小计
平日	1157	696	238	2091
休日	846	1118	496	2460
小计	2003	1814	734	4551

注：表中单位：人次。

我们以各小区实际入住人口 ① 为基础，根据以下公式，计算出各小区居民户外活动的出户率，并整理成表（表6-3、表6-4）。

$$出户率（\%）= 调查样本 / （3.2 × 入住户数 × 21）$$

表6-3　入住户数

	A	B	C	小计
规划户数（户）	1198	1916	1146	4260
入住户数（户）	1198	1720	912	3830
入住率（%）	100%	90%	80%	90%

表6-4　出户率

	A	B	C	小计
入住户数（户）	1198	1720	912	3830
调查样本（人次）	2003	1814	734	4551
出户率（%）	3.18%	2.01%	1.53%	2.26%

注：根据第六次全国人口普查，上海2010年为2.5人/户。

根据上表，发现3个小区居民在冬季日间的出户率仅相当于各小区居住总人口的约 1.5% ~ 3.2%，平均仅占 2.26%。从数据上看，上海地区农村动迁安置住宅小区居民在冬季能够出户在小区内活动的情况并不算太理想。

①　数据来自各小区居委会。

二、居民户外活动特征

（一）户外活动居民属性

依据调查，3 个小区户外活动居民的年龄段 [①]、性别 [②] 的属性特点如表 6-5 所示 [③]。

表6-5　样本属性

年龄	平日（人次）			休日（人次）			计（人次）
	男	女	未	男	女	未	
婴	40	10	63	19	7	23	162
幼	171	109	17	249	183	6	735
少	8	4		106	63		181
青	73	357		153	395		978
中	171	485		253	475		1384
老	218	365		217	311		1111
计	681	1330	80	997	1434	29	4551

在上海远郊的农村动迁安置住宅小区的户外活动居民的年龄构成方面，出户最多的是中年人群，其次，为老年人，且各年龄段均为女性多于男性。

---

① 本章参照一般年龄划分方法，作如下划分：
　　婴儿：0～2 岁，尚需家长扶持走路的孩子。
　　幼儿：3～6 岁，上幼儿园的孩子。
　　少年：7～17 岁，求学的未成年人。
　　青年：18～40 岁。
　　中年：41～59 岁。
　　老年：60 岁以上。

② 男：男性；
　　女：女性；
　　未：不清楚。

③ 因未成年人（婴儿、幼儿、少年）、成年人（青年、中年、老年）在小区户外活动特点差别较大，所以，本章讨论仅限于成年人。限于文章篇幅，未成年人户外活动问题另立文本展开讨论。

"小区都是本地动迁农民……"，"小区内失业居民还是挺多的。现在由于没有土地种菜，许多居民无事可做，其他的工作也做不了。平常就出来聊聊天，活动活动"（A小区居委会工作人员）。

农业人口（主要为中年人口）在失地动迁后，虽然被安置了"新房"，但由于再就业困难，因此被提前留滞家庭，而小区就成了其接触社会、往来交际的最重要场所。显然女性要比男性更愿意接触新环境，适应新环境。

此外，休日比平日的户外活动人次要稍高一些，但差别主要表现在青年男性人群中。据访谈了解，有相当一部分青年人全职在家照料孩子。

"小区每天有很多小孩在户外活动，许多年轻妈妈也不上班，就在家照顾小孩"（C小区居委会工作人员）。

（二）户外活动的构成

上海曹路地区3个农村动迁安置住宅小区居民户外主要活动类型如表6-6，户外活动的频度如表6-7所示。根据以上2表，总结上述3小区居民户外活动的构成特点如下。

1. 活动内容丰富

小区居民的户外活动内容非常丰富。除了一般城市小区常见的带孩子、运动、闲聊等外，尚有很多本应发生在住宅户内的家务劳动，如吃饭、洗涮、打扫卫生等，形成了户内活动户外化。同时，还出现一些农村特有的户外活动，如缝补/闲聊[1]、工具修理等家务劳动以及种花种菜、贩卖交易等生产劳动，形成农村活动城市化。

2. 活动组合多样

居民的户外活动有些是单一的，如红白喜事（在本次调查中，是指居民在户外烧纸，祭祀先人），也有些是两种单一活动组合，同

---

[1] 本章中，将"一边做……一边做……"活动称为混合活动，表示为 **/**。

表6-6 户外主要活动类型

	洗涮
	晾晒
	缝补
	种花种地
	贩卖交易

续表

	带孩子
	散步
	器材健身
	静养
	闲聊

表6-7 户外活动频度

单位：人次

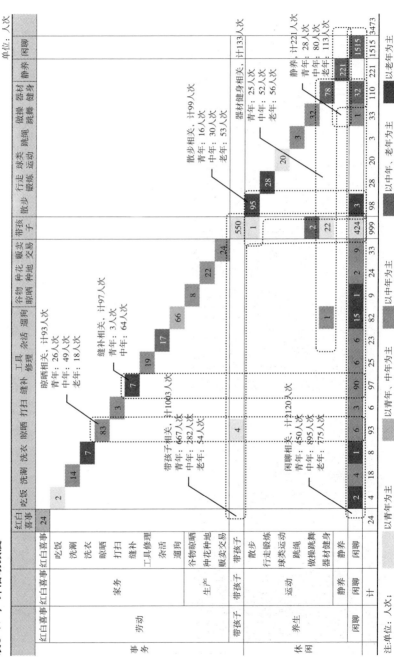

注：单位：人次；

时进行，如边带孩子边与别人闲聊，边遛狗边利用固定器材健身等（本文称为混合活动，用 **/** 表示）。它们使小区户外活动类型更加多样（表6-8）。

表6-8 户外活动类型

单位：人次

类型		事务				休闲			计
		红白喜事	劳动		带孩子	闲聊	养生		
类型		红白喜事	家务	生产	带孩子	闲聊	运动	静养	
事务	红白喜事 红白喜事	24							24
	劳动 家务		218						218
	生产			54					54
	带孩子 带孩子		4		550				554
休闲	闲聊 闲聊		133	12	424	1515			2084
	养生 运动		1	25		36	256		318
	静养							221	221
小计		24	356	66	999	1551	256	221	3473

单一活动，计2823人次

混合活动，计650人次

注: ▨ ：事务域，计850人次。 ▨ ：事务/休闲域，计595人次。

▨ ：休闲域，计2028人次。

表中单位：人次。

3. 典型活动——闲聊、带孩子

户外活动大量集中在闲聊与带孩子等方面。尤其是闲聊，除了跳绳、球类运动等少量稍剧烈运动及静养外，贯穿了多数居民的户外家务、生产、带孩子、运动等多种活动，是活动居民之间的最佳凝结剂。

带孩子也是常见的户外活动。因其活动表现受看护对象属性、需求等影响较大，因此，活动内容更为复杂。但是，无论如何，带孩子、带孩子/闲聊的高人次表明，以带孩子活动为媒介，监护者之间自然地发生交互式联动的可能性还是很高的。

4. 运动类活动不足

小区居民的主要户外活动较为安静、静态，各种运动类活动占比较低。

在运动类活动中，以器材健身为中心，目前流行的快走、跑步、球类等有一定运动量的活动较少，青年人参与运动类活动的比例也较低。这也从另一侧面说明，在小区环境规划中，对特定人群活动的相应场地设施配置考虑不足。

此外，3个小区均将固定儿童设施、成人设施合设于中心绿地，但仅少量成年人一边带孩子一边运动健身等。固定儿童设施与成人设施合并设置的必要性值得商榷。

5. 各年龄段主要活动

将小区居民户外活动不少于50人次的活动类型作为主要活动。其中，青年人的户外活动主要集中在带孩子相关活动方面；老年人则主要集中在闲聊、静养等速度较慢的休闲活动上。

与上相比，中年人的活动类型则更为广泛、丰富，从各式闲聊到家务、生产劳动、带孩子、养生活动中，都可看到他们的身影。显然，他们是小区户外活动氛围创造的主力军（表6-9）。

表6-9　主要活动的年龄分布

类型	青年	中年	老年	小计
带孩子	366 67%	153 28%	31 6%	550 100%
带孩子/闲聊	282 67%	124 29%	18 4%	424 100%
劳动	63 23%	144 53%	65 24%	272 100%
劳动/闲聊	10 7%	92 63%	43 30%	145 100%
闲聊	153 10%	664 44%	698 46%	1515 100%
养生	66 14%	176 37%	235 49%	477 100%

注：选择≥50人次的主要活动。

表中单位：人次/%。

（三）户外活动的时序变化

1. 活动整体的时序变化

从整体上看，农村动迁安置住宅小区居民户外活动的时序曲线出现了上午、下午的2个峰值，中午1个低谷。从9：30至15：30，各时段活动人数均在日间均线以上（表6-10）。

户外活动的2个峰值分别出现在上午10：00、下午14：30，低谷则出现在中午12：00。并且上午的峰值、尖度均高于下午，上午的正偏差时段长（9：30~12：00，2.5h）要短于下午（12：00~15：30，3.5h）。

表6-10　户外活动的时序变化——活动属性

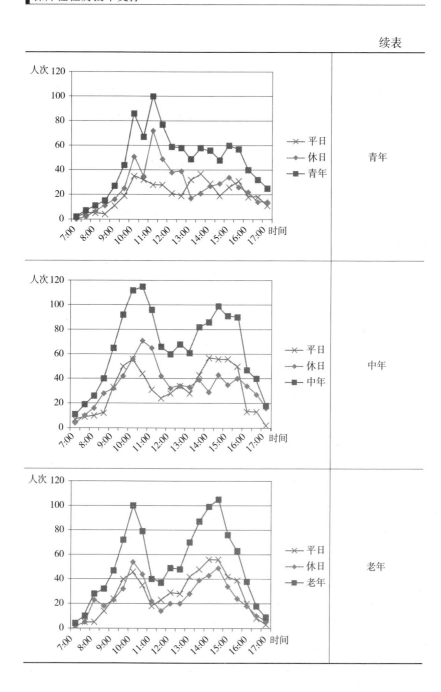

上午小区居民户外活动单次人数较为集中，但活动高峰时长较短；而下午单次人数有所下降，但高峰持续时间较长。

2. 活动属性的时序变化

（1）平、休日

平、休日户外活动时序曲线的特点与整体类似：2个峰值，1个低谷。但是，平日的峰值到达要稍稍提前于休日，并且平日上午的峰值要低于休日，平日下午的峰值要高于休日，即休日是上午人群集中，平日是下午人群集中。

（2）年龄段

中、老年户外活动的时序曲线与整体类似，有2个峰值、1个低谷。与此对比，青年的时序曲线仅在上午形成1个峰值，下午却未形成明显峰值。

老年活动的时序曲线特点在平、休日颇为相似，这与老年人在平、休日的户外活动规律接近相符。

中年在平、休日的活动时序曲线存在一定的差别。休日仅在上午出现1个峰值，中午12：00出现低谷之后，偏差变小、变缓，而平日的曲线则2个峰值明显，与整体类似。

同中年一样，青年平、休日的时序曲线也表现出较大差别，并且休日同为上午的单峰，但平日全天的曲线变化相对平缓。

此外，无论是哪个年龄段，均表现出平日上午峰值要低于休日、平日下午峰值要高于休日的整体特点。

3. 活动内容的时序变化

在小区户外，闲聊显然是占主导性的活动，它呈现出与整体相同的时序曲线变化特征：2个峰值，1个低谷，上午的峰值、尖度均高于下午，上午均线以上的时长略短于下午。此外，平日在下午的峰值明显高于休日（表6-11）。

带孩子、带孩子/闲聊的时序变化较为类似，上午出现1个峰值，下午低落。该特点在休日表现明显，但在平日则全天低落，平、休日的时序变化差别较大。

劳动、劳动/闲聊的时序变化也有2个峰值，但因峰值不高，因此总体表现平缓。较有趣的是，上午的劳动多为单一活动，例如晾晒主要出现在早晨、中午，遛狗全天较平均，傍晚稍高，生产经营全天较均匀等。劳动/闲聊则明显集中在下午，特别是平日，例如缝补/闲聊主要在平日下午进行等。

表6-11 户外活动的时序变化——主要活动

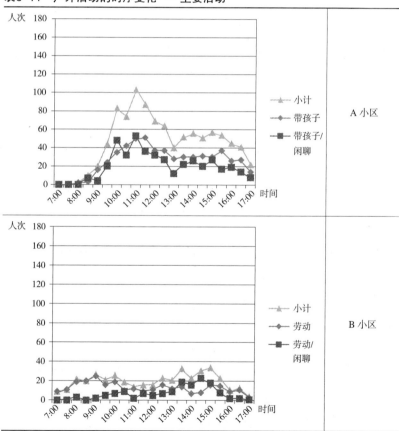

续表

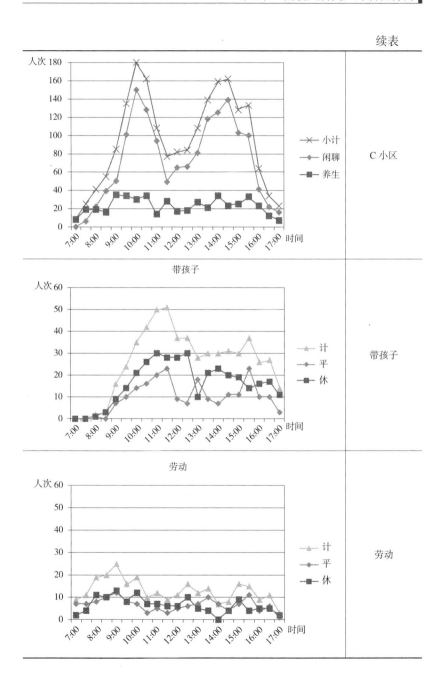

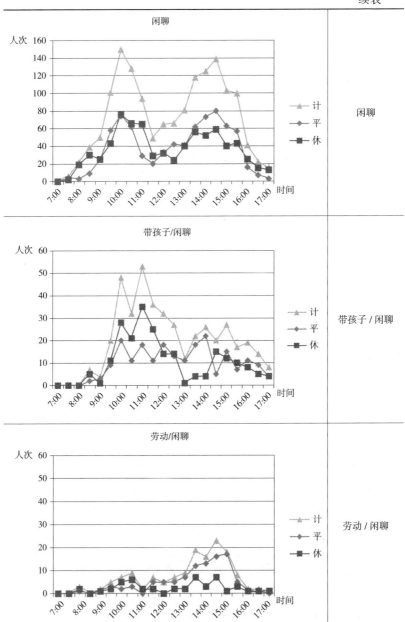

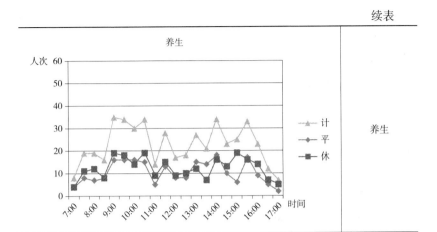

	养生

养生活动未出现明显的峰值，全天较平均，并且平、休日差别不大。其中，虽然运动在日间有较为和缓的上下午峰值，例如器材健身相关活动，但静养在全天均较为平缓。

小区居民户外活动整体的时序曲线表现为2个峰值、1个低谷的特征，它主要是由大量的闲聊活动所支撑的。实际上，带孩子、劳动、养生等活动的时序变化是各有倚重的，如带孩子一般会多集中在上午。

（四）户外活动与日照

上海冬季户外气温较低，一般认为，户外活动应多在有日照的场所进行。本节对此观点进行了印证（表6-12）。

按照时序变化，早晚活动多在无日照的场所进行，而9：00～15：30之间，则活动明显多在有日照场所。该特点在平休日、不同年龄段均表现如此，占比分别在60%～80%之间。

但是，并非所有的活动类型均趋向于选择有日照的场所展开。与闲聊、带孩子相关的活动具有较为突出的向阳性，可达到平均值以上。而小区中丰富的家务、生产、运动、静养场所的有日照占比多为 60% 及 60% 以下，无法在统计意义上表明这些活动具有明显的向阳性。

表6-12 户外活动与活动场地的日照情况

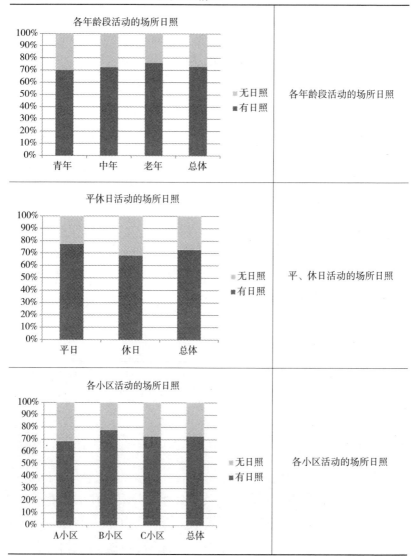

续表

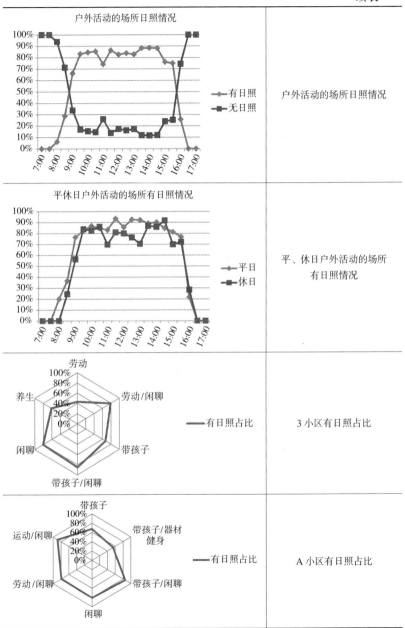

户外活动的场所日照情况	户外活动的场所日照情况
平休日户外活动的场所有日照情况	平、休日户外活动的场所 有日照情况
(劳动雷达图)	3小区有日照占比
(带孩子雷达图)	A小区有日照占比

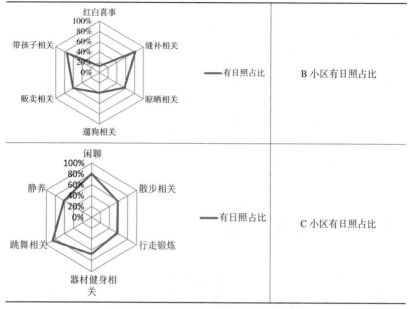

——有日照占比	B 小区有日照占比
——有日照占比	C 小区有日照占比

有趣的是，在家务劳动中，仅在农村村落才会有的缝补、缝补／闲聊活动表现出了与闲聊、带孩子类似的较强的向阳性。实际上，农闲时农村妇女在户外边做手工边聚众聊天、晒太阳的生活场景也确实往往与村民闲聊、带孩子混杂在一起。

上海市要求小区内每块集中绿地面积应不小于 400m²，且"至少应有 1/3 的绿地面积在规定的建筑间距范围之外"[①]，即在冬至日应有不小于 1/3 的绿地面积有不少于 1 小时的日照，也即至少在 11：30～12：30 之间 1/3 场地有日照。

但是，与前述调查分析结果相比较，对日照有较高要求的闲聊、带孩子活动，在正午 12：00 左右恰好是全天的低谷，而大量活动的峰值则出现在上午 10：00、下午 15：30 左右。因此，上述规定中，

① 上海市规划和国土管理局《上海市城市规划管理技术规定》（2011 年修订版）。

冬至日 1 小时的最低日照要求显然与居民冬季户外活动规律存在着一定出入。

改变对集中绿地的日照要求，变成直接对小广场、活动节点、器械活动区等活动场地的日照要求，通过日照模拟分析，检验、确保活动场地在上、下午峰值时段有最低时长日照，这也许是更为简单易行、更为直接可靠的办法。

（五）讨论

1. 延续

一般住宅小区环境规划设计，除景观、观感要求外，还会希望使用者众多，行为方式多姿多彩。

通过上述针对农村动迁安置住宅小区居民户外活动的调查可知，因部分居民原有生活习惯的继承与延续，带来了众多城市住宅小区所未有的户外活动表现，大大丰富了小区户外活动内容与类型，虽然其中有些活动是被现行物业管理条例所禁止的，如利用小区绿地种花种菜等。但是，有意、合理的规划疏导有可能会进化出更多样的设计元素，提供更丰富的户外活动选择。

2. 扩展

遗憾的是，即使是在闲聊活动人次如此之高的农村动迁安置住宅小区中，实际上能够按时出户活动的居民也只占小区实际居住人口的少数。

在这些户外活动中，有85%的活动是和闲聊、带孩子相关的活动，参与运动、静养的比例仅占整体的8%、7%，而且其年龄构成又以老年人群为主，因此，至少可以推测，各年龄段的户外活动量，特别是运动、养生等活动量，远没有文中所列内容那么光鲜夺目。

对此，既有对"锻炼身体，增强人民体质"的全民健身活动基层开展的担忧，也有对"物以类聚"的差别化（年龄段）、单纯化（活动内容）群组构成优劣的困扰。

3. 提质保量

不同活动有着自己平、休日日间活动的时序特点，也对活动场地有着客观、基本的品质要求，例如冬季日照。

由于冬季日间活动的峰值多在上、下午出现，简单地依据日照间距，判断活动时场地的日照效果较为困难，因而通过日照模拟软件对活动场地的日照情况进行模拟运算，不失为一种较为简单、有效的检验方法，也建议在住宅小区环境规划设计的技术规程中予以"条文"化规定。

三、小结

本节以上海市远郊区农村动迁安置住宅小区居民户外活动为研究对象，采用平、休日日间活动观察的调查方法，对小区居民冬季户外活动的属性、内容、时序变化以及它们与场地日照情况的关系等进行了分析，并有如下发现。

上海市保障性住宅小区居民的出户活动情况并不理想。活动人群中以中年人为主，且女性活动人次要高于男性。在休日，居民户外活动人次要高于平日。由于是农村动迁安置小区，居民绝大多数都是浦东新区曹路地区拆并过来的原农村居民，因此，该类小区居民户外活动中仍可以看到有较多以往农村生活习惯的延续。但是，由于环境、劳作状况的改变，小区居民的户外活动类型已经大幅向城市普通居住小区靠拢。小区中最主要的户外活动类型不是运动、养生，而是中老年人的"闲聊"、青年人的"带孩子"。这类活动会在平日、休日的上、下午形成人数或人次峰值，而在中午形成低谷，并且多数户外活动对活动场所有明显的日照要求。

第7章　保障性住房勘察设计体系

目前我国正处于保障性住房大量建设时期。在2011年全国保障性住房建设、使用情况的实地调研中，已经反映出各地保障性住房建设任务基本落实到位，设计、施工质量的监管力度得到了进一步的加强。但是，在工程项目的勘察设计阶段仍存在着"建设标准缺失，规划设计精细化程度不够"等问题。

参考国外建设经验，可以发现发达国家的公共住房建设普遍具有建设目标明确，技术文件、指导手册丰富，更新速度较快等特点，其系统化的技术标准体系为它们的建设示范、新品推广提供了很好的承载平台。

民用建筑的全寿命周期应该包括：规划策划、勘察设计、施工建造、运营维护、改造拆除。对于上述各个寿命时期，均有相应的技术标准、文件作为它们的技术支撑。保障性住房也同样应有自己的技术支撑体系。

本章将围绕保障性住房建设"勘察设计"阶段的技术支撑，在现行普通集合住宅建设技术支撑体系的基础上，查缺补漏，构建保障性住房建设勘察设计的基本体系框架。

勘察设计是保障性住房全寿命周期中最重要的阶段，是决定保障性住房建设品质的基础，做好勘察设计阶段的技术支撑对保障性住房使用的长寿命、可持续发展影响重大。

一、现行居住建筑工程勘察设计的技术支撑

（一）居住建筑工程勘察

建筑工程勘察分可行性研究、初勘、定测和补充定测 4 个部分。先确定建筑的可行性，然后对地质水文情况作大致勘察，最后的详勘需要弄清楚每一个地层的岩土情况，需要通过原位试验、土工试验，确定地基承载力，进而采取合适的基础形式和施工方法。普通集合住宅建筑的工程勘察也不例外。

（二）居住建筑工程规划设计

目前各地正在积极开展保障性住房建设。从对各地的实地调研来看，由于国家层面尚未出台保障性住房的相关"建设标准"，因此，有些地区虽已出台了各类保障性住房设计"导则"、"标准"等，但多属"试行"，绝大多数法规标准以及技术文件、资料仍沿用普通集合住宅建筑现行技术支撑。

1. 居住建筑工程建设标准

民用建筑工程建设标准是指建设工程设计、施工方法和安全保护的统一的技术要求及有关工程建设的术语、符号、代号、制图方法的一般原则。

按照分类标准的不同，我国的工程建设标准有多种分类。

（1）根据标准的约束性划分，分为强制性标准、推荐性标准。

（2）根据内容划分，分为设计标准、施工及验收标准、建设定额。

设计标准是指从事工程设计所依据的技术文件。

施工及验收标准中的施工是指施工操作程序及技术要求的标准，验收是指检验、接收竣工工程项目的规程、办法与标准。

建设定额是指国家规定的消耗在单位建筑产品上活劳动和物化

劳动的数量标准以及用货币表现的某些必要费用的额度。

（3）按属性分类，分为技术标准、管理标准、工作标准。

技术标准是指为标准化领域中需要协调统一的技术事项制定的标准。

管理标准是指为标准化领域中需要协调统一的管理事项制定的标准。

工作标准是指为标准化领域中需要协调统一的工作事项制定的标准。

此外，按照等级，我国的工程建设标准还可以分为：国家标准（GB）、行业标准（HB）、地方标准（DB）、企业标准（QB）。

依据标准内容，居住建筑工程建设中涉及的工程建设标准可以分为设计标准、施工及验收标准、建设定额三类。在等级上，上述标准又涉及国家标准、行业标准、地方标准、企业标准四个层面。按照内容、等级分类，本章将民用建筑、居住建筑现行工程建设标准整理如下（表7-1）。

表7-1 普通住房工程建设设计标准

			民用建筑用	居住建筑用
全专业	通用	总括	《工程建设标准强制性条文》（房屋建筑部分）（2009年版）[a]	
		总图		《城市居住区规划设计规范》GB 50180-1993[a]
		单体	《民用建筑设计通则》GB50352-2005[a]	《住宅设计规范》GB 50096-1999[a]
			《建筑模数统一协调标准》[a]	《住宅建筑规范》GB 50368-2005[a]
			《建筑楼梯模数协调标准》GBJ 101-1987[a]	《住宅性能评定技术标准》GB/T 50362-2005[a]
				《住宅建筑模数协调标准》GB/T 50100-2001[a]

续表

			民用建筑用	居住建筑用
全专业	通用	单体		《住宅建筑技术经济评价标准》JGJ 47-88[b]
	特殊部位与类型		《人民防空地下室设计规范》GB 50038-2005[a]	
			《汽车库建筑设计规范》JGJ 100-1998[b]	
			《老年人建筑设计规范》JGJ 122-1999[b]	《老年人居住建筑设计标准》GB/T 50340-2003[a]
			《智能建筑设计标准》GB/T 50314-2006[a]	装配式大板居住建筑设计与施工规程 JGJ 1-91[b]
			《民用建筑修缮工程查勘与设计规程》JGJ 117-1998[b]	《健康住宅建设技术规程》CECS 179：2005[c]
				《钢结构住宅设计规范》CECS 261：2009[c]
				《斜屋顶下可居住空间技术规程》CECS 123：2001[c]
	消防		《建筑设计防火规范》GB 50016-2006[a]	
			《高层民用建筑设计防火规范》GB 50045-95[a]	
			《人民防空工程设计防火规范》GB 50098-2009[a]	
			《汽车库、修车库、停车场设计防火规范》GB 50067-97[a]	
			《建筑内部装修设计防火规范》GB 50222-95[a]	
			《建筑灭火器配置设计规范》GB 50140-2005[a]	
单专业	规划		《城市道路和建筑物无障碍设计规范》JGJ 50-2001[b]	

续表

		民用建筑用	居住建筑用
单专业	建筑	特殊部位		《住宅厨房及相关设备基本参数》GB/T 11228-2008[a] 《住宅卫生间功能及尺寸系列》GB/T 11977-2008[a]
	建筑	环境性能	《民用建筑隔声设计规范》GBJ 118-1988[a] 《建筑采光设计标准》GB/T 50033-2001[a] 《建筑气候区划标准》GB 50178-1993[a] 《民用建筑热工设计规范》GB 50176-1993[a] 《民用建筑能耗数据采集标准》JGJ/T 154-2007[b]	《住宅建筑室内振动限值及其测量方法标准》GB/T 50355-2005[a]
		装修	《民用建筑工程室内环境污染控制规范》（2006年版）GB 50325-2010[a]	
	结构		《建筑结构荷载规范》GB 50009-2001[a] 《混凝土结构设计规范》GB 50010-2002[a] 《钢结构设计规范》GB 50017-2003[a] 《建筑结构可靠度设计统一标准》GB 50068-2001[a]	
	设备		《建筑给水排水设计规范》GB 50015-2003[a]	《居住小区给水排水设计规范》CECS 57：94[c] 《小区集中生活热水供应设计规程》CECS 222：2007[c]

续表

		民用建筑用	居住建筑用
单专业	设备	《建筑中水设计规范》 （GB 50336-2002ª） 《建筑同层排水系统技术规程》 CECS 247：2008ᶜ 《采暖通风与空气调节设计规范》 （GB 50019-2003ª） 《城镇燃气设计规范》 （GB 50028-2006ª）	
	电	《建筑照明设计标准》 GB 50034-2004ª 《低压配电设计规范》 GB 50054-1995ª 《供配电系统设计规范》 GB 50052-1995ª 《建筑物防雷设计规范》 GB 50057-1994ª 《民用建筑电气设计规范》 JGJ 16-2008ᵇ	 《城市住宅建筑综合布线系统工程设计规程》CECS 119：2000ᶜ
	节能	《绿色建筑评价标准》 GB/T 50378-2006ª	《民用建筑节能设计标准（采暖居住建筑部分）》JGJ 26-95ᵇ 《夏热冬冷地区居住建筑节能设计标准》JGJ 134-2010ᵇ 《夏热冬暖地区居住建筑节能设计标准》JGJ 75-2003ᵇ 《采暖居住建筑节能检验标准》JGJ 132-2009ᵇ

注：■ a-国家标准；

■ b-行业标准；

■ c-协会标准。

依据上表，在居住建筑工程建设中，使用的现行工程建设标准具有如下几个特点：

（1）标准数量丰富

迄今为止，我国已颁布各类工程建设标准5000余项，涉及房屋建筑、城乡规划、城镇建设等各类工程建设领域，基本涵盖了工程建设活动的全方位、全过程和建设工程项目全寿命周期。其中，国家部委及行业协会颁布的与住宅设计直接相关的规范、标准30余项，涉及居住区规划、住宅单体设计、性能评定、特殊类型住宅（老年人居住建筑、健康住宅）、住宅功能空间（厨房、卫生间）、居住建筑节能、住宅部品（厨房排气道）、住宅施工技术（大板结构施工）等住房建设的各个领域与分支。

（2）条文规定分散

除上述直接相关的标准规范外，设计通则、消防、人防、停车、隔声、采光、结构设计、给水排水设计、照明设计、节能设计等多领域的通用标准、规范中也包括有针对住宅设计的相关技术要求。上述要求均以条文规定的形式大量散布在各类建设工程标准之中。

2. 居住建筑工程建设的技术文件、标准图集

目前，我国的民用建筑工程建设的技术文件主要包括各类设计技术措施、设计导则、指南、手册等以文字为主要表达方式的技术文本。技术文件作为工程建设技术标准的具体落实，要对规划、建筑、装修、结构、水、设备、强弱电、节能的规划设计做法、操作中的注意事项等技术措施、技术规程、技术实施细则等作出具体规定。

在现行居住建筑规划设计中，使用的主要技术文件如表7-2所示。

表7-2 现行集合住宅规划设计中使用的主要技术文件

	民用建筑用	居住建筑用
设计技术措施	全国民用建筑工程设计技术措施——防空地下室 全国民用建筑工程设计技术措施——电气 全国民用建筑工程设计技术措施——建筑产品选用技术（建筑·装修） 全国民用建筑工程设计技术措施——建筑产品选用技术（水、暖、电） 全国民用建筑工程设计技术措施——结构（结构体系） 全国民用建筑工程设计技术措施——给水排水 全国民用建筑工程设计技术措施——暖通空调·动力 全国民用建筑工程设计技术措施——规划·建筑·景观 全国民用建筑工程设计技术措施节能专篇——建筑 全国民用建筑工程设计技术措施节能专篇——结构 全国民用建筑工程设计技术措施节能专篇——给水排水 全国民用建筑工程设计技术措施节能专篇——暖通空调·动力 全国民用建筑工程设计技术措施节能专篇——电气 全国民用建筑工程设计技术措施——结构（地基与基础）	
设计导则	绿色建筑技术导则 绿色建筑评价技术细则 民用建筑能效测评标识技术导则（试行） 建筑外墙外保温技术导则	商品住宅装修一次到位实施细则（建住房[2002]190号） 全装修住宅逐套验收导则

在现行居住建筑规划设计中使用的主要国家标准图集如表7-3所示。目前已编制出版的建筑标准图集大致可分为设计样图、建筑部位的构造做法、产品设备选用与安装做法等三大类。

表7-3 需调整的现行法规、标准与调整方式

		民用建筑用	居住建筑用
全专业	通用	《工程建设标准强制性条文》（房屋建筑部分）（2009年版）[a]	《住宅设计规范》GB 50096-1999[a]

续表

			民用建筑用	居住建筑用
全专业	通用		《民用建筑设计通则》GB 50352–2005 《建筑模数统一协调标准》 《建筑楼梯模数协调标准》 GBJ 101–1987	《住宅建筑规范》GB 50368–2005[a] 《住宅建筑技术经济评价标准》 JGJ 47–88[c] 《住宅建筑模数协调标准》 GB/T 50100–2001 《住宅性能评定技术标准》 GB/T 50362–2005[c]
	专项	消防	《高层民用建筑设计防火规范》 GB 50045–1995[a] 《建筑设计防火规范》 GB 50016–2006[a] 《建筑内部装修设计防火规范》 GB 50222–1995 《建筑内部装修防火施工及验收规范》 GB 50354–2005	
		人防	《人民防空地下室设计规范》 GB 50038–2005 《人民防空工程设计防火规范》 GB 50098–2009	
		汽车库	《汽车库建筑设计规范》 JGJ 100–1998 《汽车库、修车库、停车场设计防火规范》 GB 50067–1997	
		老年	《老年人建筑设计规范》 JGJ 122–1999	《老年人居住建筑设计标准》 GB/T 50340–2003[c]
		节能	《绿色建筑评价标准》 GB/T 50378–2006[c] 《夏热冬冷地区居住建筑节能设计标准》JGJ 134–2010 《夏热冬暖地区居住建筑节能设计标准》JGJ 75–2003	

续表

			民用建筑用	居住建筑用
全专业	专项	节能	《民用建筑节能设计标准（采暖居住建筑部分）》JGJ 26-95	
			《民用建筑太阳能热水系统应用技术规范》GB 50364-2005[b]	
			《建筑节能工程施工质量验收规范》GB 50411-2007	
单专业	规划建筑		《城市道路和建筑物无障碍设计规范》JGJ 50-2001	《城市居住区规划设计规范》GB 50180-1993[c]
			《地下工程防水技术规范》GB 50108-2008	《住宅装饰装修工程施工规范》GB 50327-2001
			《民用建筑隔声设计规范》GBJ 118-1988	《家庭装饰工程质量规范》QB/T 6016-1997
	规划建筑		《外墙外保温工程技术规程》JGJ 144-2004	《住宅厨房排烟道》JG/T 3028-1995
				《住宅厨房排风道》JG/T 3044-1998
				《住宅厨房及相关设备基本参数》GB/T 11228-2008[c]
				《住宅卫生间功能及尺寸系列》GB/T 11977-2008[c]
				《住宅混凝土内墙板隔墙板》GB/T 14908-1994
				《住宅内隔墙轻质条板》JG/T 3029-1995
	结构		《建筑结构荷载规范》GB 50009-2001	《装配式大板居住建筑设计和施工规程》JGJ 1-1991[b]
			《混凝土结构设计规范》GB 50010-2002	
			《混凝土异形柱结构技术规程》JGJ 149-2006	
			《钢结构设计规范》GB 50017-2003	
			《建筑结构可靠度设计统一标准》GB 50068-2001	
			《高层建筑混凝土结构技术规程》JGJ 3-2002	
			《轻骨料混凝土结构技术规程》JGJ 12-2006	

续表

		民用建筑用	居住建筑用
单专业	结构	《冷拔钢丝预应力混凝土构件设计与施工规程》JGJ 19-1992 《无粘结预应力混凝土结构技术规程》JGJ 92-2004 《高层民用建筑钢结构技术规程》JGJ 99-98 《钢筋焊接网混凝土结构技术规程》JGJ 114-2003	
	设备	《地源热泵系统工程技术规范》GB 50366-2005 《建筑中水设计规范》GB 50336-2002	
	设备	《建筑与小区雨水利用工程技术规范》GB 50400-2006 《建筑给水排水设计规范》GB 50015-2003 《城镇燃气设计规范》GB 50028-2006 《地面辐射供暖技术规程》JGJ 142-2004 《采暖通风与空气调节设计规范》GB 50019-2003	
	电	《建筑照明设计标准》GB 50034-2004 《供配电系统设计规范》GB 50052-1995 《低压配电设计规范》GB 50054-1995 《建筑物防雷设计规范》GB 50057-1994 《视频安防监控系统工程设计规范》GB 50395-2007	

注：█████ a-有需调整规格、性能规定的条文；

　　█████ b-有需修订规格、性能规定的条文；

　　█████ c-有需明确规格、性能规定的条文。

比较上述两表内容，现行居住建筑工程建设的技术文件、标准图集系列具有如下特点：

（1）编制形式相互配合

设计技术措施、导则、标准图集分别以文字、图面的形式，为建筑设计方案的具体施工、安装落实提供了技术指导，它们以不同的形式，相互配合。

（2）编制内容各有偏重

技术措施按照分专业方式编制，同时扩展有产品、节能分册。导则、指南等则主要为节能、全装修等符合行业发展推广政策的"新"事业的推广，偏重于方案设计、初步设计。标准图集则偏重于为施工图设计阶段服务。

3. 居住建筑工程建设的设计资料

除了技术文件、标准图集外，尚有大量的技术资料可供设计时参考。目前，较具有权威性的住宅设计资料有《建筑设计资料集》住宅篇等，此外，还有大量住宅户型汇编类书籍。但是，整体看，无论在内容还是深度上，均亟待提高。

（三）现行居住建筑技术支撑的适用性

以现行民用建筑、居住建筑工程建设标准为基础，比对保障性住房设计要求，整理现行标准需调整的部分及调整方式如表7-4。

表7-4 居住建筑规划设计中使用的主要标准图集

专业	阶段	民用建筑用	居住建筑用
建筑专业	方案、扩初	08J911：建筑专业设计常用数据 03J926：建筑无障碍设计	00J904-1：智能化示范小区设计 09SJ903-1：中小套型住宅优化设计 97SJ903：多层住宅建筑优选设计方案

续表

专业	阶段		民用建筑用	居住建筑用
建筑专业	方案、扩初			04J923-1：老年人居住建筑 01SJ914：住宅卫生间 01SJ913：住宅厨房
	施工图	一般构造做法	05J909：工程做法 J909、G120：工程做法（2008年建筑结构合订本） 02J003：室外工程 06J505-1：外装修 J502-1～3：内装修 01J304：楼地面建筑构造 99J201-1：平屋面建筑构造 J111～114：内隔墙建筑构造 J504-1：隔断 隔断墙 07J905-1：防火建筑构造 10J301：地下建筑防水构造 06J403-1：楼梯 栏杆 栏板 ……	11J930：住宅建筑构造
		局部构造做法	10J113-1：内隔墙——轻质条板 03J114-1：轻集料空心砌块内隔墙 03J111-2：预制轻钢龙骨内隔墙 03J111-1：轻钢龙骨内隔墙 07SJ507：轻钢龙骨布面石膏板、布面洁净板隔墙及吊顶 03J502-1：内装修——轻钢龙骨内（隔）墙装修及隔断	
			02J102-2：框架结构填充小型空心砌块墙体建筑构造 07J107：夹心保温墙建筑构造 09J908-3：建筑围护结构节能工程做法及数据	

专业	阶段	民用建筑用	居住建筑用
建筑专业	施工图	局部构造做法 11J122：外墙内保温建筑构造 06J204：屋面节能建筑构造 10J121：外墙外保温建筑构造 06J123：墙体节能建筑构造 ……	
		建筑产品与做法 11CJ31：TF 无机保温砂浆外墙保温构造 11CJ25：ZL 轻质砂浆内外组合保温建筑构造 11CJ29：TDF 防水保温材料建筑构造 03J601-3：模压门 03J601-2：木门窗（部品集成式） 11CJ27：铝塑共挤节能门窗 ……	01SJ606：住宅门 07J916-1：住宅排气道
景观专业	施工图	03J012-2：环境景观——绿化种植设计 3J012-1：环境景观——室外工程细部构造	
设备专业	施工图	06J908-6：太阳能热水器选用安装 J908-5：建筑太阳能光伏系统设计与安装	03SS408：住宅厨、卫给水排水管道安装 11CJ32：住宅太阳能热水系统选用及安装 03K404、03（05）K404：低温热水地板辐射供暖系统安装
设备专业			05K405：新型散热器选用与安装 K402-1～2：散热器系统安装 08S126：热水器选用及安装

注：本表未包括结构专业、电专业标准图表。

基于表 7-4，我们认为将现有居住建筑工程在勘察设计阶段的技术支撑应用到保障性住房工程上，存在如下优势与不足。

1. 优势

（1）工程勘察技术体系完备

保障性住房也是住房的一种，不应因它的入住对象、房型而对建筑物的安全、耐久产生丝毫影响。现有建设工程勘察技术可以为保障性住房工程提供所需技术支撑。

（2）工程建设技术标准体系基本完善

自 20 世纪 50 年代开始，经历了近 60 年的住房建设实践与工程建设标准体系的构建，我国普通住房工程建设标准已基本涵盖勘察设计全过程，形成了一套较为配套、成熟的住房工程建设的相关技术标准体系。

2. 不足

（1）公共租赁住房、廉租住房建设标准编制滞后

应尽快出台相关建设标准，因公共租赁住房、廉租住房为公共财政投资，需要基于各地经济发展水平以及保障人群覆盖范围，确定中、短期住房保障水准，如套型面积、功能空间配置方式、设施设备配置水平等。上述规定在现有技术支撑体系中尚属缺位。

（2）现有居住建筑建设相关条文分散于多本规范，难以统一修订

住房建设涉及多本规范与标准的条文内容，各自修订，很难统一协调，应基于保障性住房特点，编制保障性住房设计标准，理顺现有条文间关系。

（3）适应保障性住房特征的技术文件、标准图集、技术资料尚需补充

现有技术措施、导则、手册、标准图集等多针对民用建筑，因篇幅问题，对经济型、租赁用、小户型的技术、产品选用、设计与

施工做法的强调较少。保障性住房作为住宅建筑的一种，在建筑物安全、耐久等方面的要求虽与普通住宅无任何差别，但是在设计紧凑、产品质优价廉、技术适用等方面，仍需进一步借助技术文件、标准图集、技术资料来补充。

二、保障性住房勘察设计的技术支撑体系

保障性住房也是住宅建筑的一种，根据全国调研，保障性住房的工程地质勘察、工程建设技术要求与普通住房基本通用。保障性住房勘察设计体系的建设重点在于填补现有工程建设技术标准体系空白（如建设标准），补充现有技术文件、资料的不足（如标准图集、设计资料）。

基于对现行民用及居住建筑工程勘察设计体系技术支撑内容的归纳，我国保障性住房勘察设计的技术支撑应包括如下几个部分（表7-5）：

表7-5 保障性住房勘察设计体系

分类	规划设计
建设标准	保障性住房设计标准
	保障性住房装修设计标准
	保障性住房产品选用标准
技术文件	保障性住房设计导则
	保障性住房绿色建设设计导则
	保障性住房节能设计技术措施
	保障性住房设备节能设计技术措施
	保障性住房装修设计手册
	装配式保障性住房设计手册

续表

分类	规划设计
技术文件	……
标准图集	保障性住房设计样图
	公共租赁住房设计样图
	保障性住房产品选用
	保障性住房工程做法
	保障性住房构造详图
	保障性住房装修构造详图
	装配式保障性住房构造详图
	装配式保障性住房结构设计与构造详图
	保障性住房设备设计与安装
	保障性住房电气设计与安装
	……
设计资料	保障性住房小区规划设计指南
	保障性住房设计优选方案
	……

（一）保障性住房建设标准

1. 保障性住房建筑设计标准（经济适用住房、公共租赁住房、廉租住房）

廉租住房、公共租赁住房作为政府投资项目，远、近期建设目标的合理设定不但与户内格局、功能空间配置息息相关，而且还关系到建设投资规模与城镇居住保障水平，因此《廉租住房建设标准》、《公共租赁住房建设标准》的编制出台尤为重要。它应包括建设基本原则（居住水准目标等）、住房面积标准、居住性能水平、节能与可持续发展对策等原则性、政策导向性规定。

此外，保障性住房工程建设标准是指由于保障性住房使用对象的特殊性，现有工程建设标准体系中尚未涵盖到的保障性住房设计标准（总图、单体）、装修设计标准、产品选用标准。

因此，在建筑标准中，它应包括一般原则、选址要求、公共设施配置要求、单元功能空间配置及面积要求、设备设施配置标准、建筑环境性能要求等。

2. 保障性住房装修设计标准

它应包括一般原则、公共空间装修标准、居室/厅装修标准、厨房装修标准、卫生间装修标准等。

（二）保障性住房工程技术文件

技术文件是指落实规划、设计的技术手段，包括技术措施、设计导则等。

该部分内容主要包括3个部分：

1. 技术措施

它应在现有技术措施的基础上，契合行业政策发展方向的技术、产品推广，突出新技术、新产品在保障性住房设计规划中的具体应用，包括如下内容：装配式住宅设计技术措施、装配式住宅产品与产品选用技术措施、保障性住房建筑节能设计技术措施、保障性住房设备节能设计技术措施等。

2. 设计导则

"保障性住房设计导则"应按保障性住房类型，以经济、紧凑、适用为原则，对保障性住房的规划与环境、住宅设计、综合配套、建筑节能以及工程质量等进行统一规定，旨在规范保障性住房规划设计行为，达到保障性住房建设"规划科学、配套健全、环境优良、工程优质"的基本目标。

"保障性住房绿色建设设计导则"应针对我国目前城镇节能建筑占比较低、建筑节能强制性水平仍有提升空间的现状特点，对保障性住房的建筑、设备设施的节能标准、节能技术与产品选用、节能技术实施的设计与操作安装办法等进行规定，为在保障性住房建设中推广绿色建筑设计、绿色施工建造作具体支持。

3. 设计手册

"装修设计手册"应按保障性住房类型，以经济、紧凑为原则，对住房公共部位、单元内部的装修设计方式，材料选用标准，装修部品、设备设施等的设计与安装注意事项等进行规定，旨在规范装修设计行为，为优化保障性住房装修设计提供指导。

"装配式保障性住房设计手册"应装配式住宅设计的一般规定、工业化建造方式与装配式住宅体系、装配式主体结构和围护结构集成技术系统、装配式全装配系统、装配式建筑设备和管线技术集成系统等。

（三）保障性住房工程标准图集

标准图集是指设计样图、建筑工程的具体细节做法等，以图面形式表达的各类标准化示范图样。

1. 设计样图系列

它主要包括"保障性住房设计样图"、"公共租赁住房设计样图"等。

2. 技术产品选用

它主要包括"保障性住房产品选用图集"等。

3. 构造节点系列

（1）"建筑工程做法"将提供适用于保障性住房的室内工程及住房外饰面、屋顶等部位的工程做法，方便保障性住房工程设计的直接引用。

（2）"建筑构造详图"应包含适用于保障性住房的室外工程、砌体墙、墙体保温、轻质内隔墙、外墙面及室外装修配件、楼地面、内墙面及室内装修配件、屋面工程、楼梯栏杆、常用门窗、厨房、卫生间等部位的构造节点详图。

（3）"设备设计与安装"应包括适用于保障性住房的室内给水排

水管道及附件安装、排水设备及卫生器具安装、住宅采暖通风设备选用与安装等。

（4）"电气设计与安装"应包括适用于保障性住房的室内外布线、常用电器设备安装与控制、照明控制与灯具安装等。

（四）保障性住房建设工程设计资料

设计资料指规划设计的通用、参考性基础数据与资料手册等。

1. 规划设计

它包括《保障性住房小区规划设计指南》等，它们从规划、环境设计等多方面规范、指导保障性住房小区规划设计，达到经济、适用、美观的要求。

2. 单体设计

它包括优选案例，规划设计中推介的优选设计样图、案例，如《保障性住房设计样图》等，为保障性住房规划设计过程中的快速检索，提高设计人员的工作效率提供帮助。

三、保障性住房勘察设计阶段技术支撑体系建设的工作思路

（一）明确保障性住房建设目标，重点抓好廉租、公租房建设标准的编制及执行工作

突出建设标准的基础、导向性作用，强调以中低收入人群居住需求为基本出发点，加快《廉租住房建设标准》、《公共租赁住房建设标准》的出台，为其后建筑设计标准、设计导则、技术措施、标准图集的制定，地方标准的编制打好基础。

（二）以紧凑、经济、适用为基础，强调保障性住房勘察设计的体系化、适应性

以现有住房建设工程标准体系为基础，突出保障性住房居住人

群以及建设投资方式的特殊性，建立、完善保障性住房勘察设计体系，并以"建设标准"（强制）、"设计标准"（强制）、"设计导则"（推荐）、"技术措施"（推荐）、"标准图集"（推荐）的形式，强化技术法规（强制）、技术标准（推荐）的分类集中，强调法规的稳定性、标准的适应性与可变性，与国际建设工程标准体系编制习惯相接轨。

（三）以落实行业政策、契合产业发展方向为出发点，强化新型技术、产品在保障性住房勘察设计体系中的地位

在保障性住房大量建设之际，大力推行工厂化建造方式。由于装配式建造技术在国内尚不被大家所熟识，相关技术文件、标准图集、参考资料的编制与发行作为技术推广的第一步，是成果转化、技术应用的依据与基础。

四、小结

勘察设计是一般民用建筑工程建设实施的第一步，它包括建设工程勘察、规划设计活动2个部分。建筑工程勘察是指根据建筑工程的要求，查明、分析、评价建设场地的地质地理环境特征和岩土工程条件，编制建设工程勘察文件的活动；建筑工程规划设计是指根据建设工程的要求，对建设工程所需的技术、经济、资源、环境等条件进行综合分析、论证，编制建设工程设计文件的活动。一般从事建筑工程勘察、规划设计活动，要坚持先勘察、后设计、再施工的原则，保障性住房工程建设过程同样遵循上述原则。

保障性住房建设是利国利民的百年大计，保障性住房勘察设计决定了保障性住房建设品质，对住房是否可以长寿命、可持续使用同样影响重大，因此，做好勘察设计阶段的技术支撑，确保保障性住房勘察设计的优质高效，才能够为后续工作的顺利开展打好基础。

第8章 保障性住房施工建造体系

2011年6月李克强副总理在部分省份保障性安居工程工作会议上指出，今年开工建设1000万套保障性住房，是一项硬任务。各地要认真贯彻落实党中央、国务院的决策部署，注重创新机制，确保任务落实、确保建设质量、确保分配公平，三方面齐头推进，实现今年的保障房建设目标。

在保证按时按量完成任务的同时，保障性住房的工程质量同样不可忽视。对保障性住房工程中出现的各类问题，中央的态度是：不能有丝毫马虎和放松，要对保障房建设实行质量终身责任制，一旦质量出了问题，不论责任人走到哪里，都要追究其责任。

保障性住房建设量大面广，惠及全国绝大多数中低收入住房困难家庭。我国虽然已建立起一套相对成熟的体系化的施工管理制度、监管审批制度，并有施工技术、建筑产品与之匹配，但在技术、产品、服务管理等各方面仍属粗放型发展，与国外相比差距较大。

本章围绕保障性住房施工建造过程中面临的主要问题，参考国外经验，构建我国保障性住房施工建造体系框架，并针对体系构成的关键课题（任务）及其课题（任务）完成的基本措施提出相应建议。

一、技术支撑的现状条件

（一）发展历程

新中国成立以来，我国经济经历了从计划经济向有计划的商品经济，再向社会主义市场经济的转型过程，总的来说，建设工程项目的管理体制大致经历了三个阶段：

新中国成立初期至改革开放（1949～1978年）期间，出现了建设单位自建自管方式，工程指挥部管理制度，"一五"时期采用的甲、乙、丙三方的承发包制度。

初步改革阶段（1979～1992年），实行建设工程招标承包制和项目投资包干责任制，建立了工程承包公司和城市综合开发公司，改革工程项目所需资源（人、财、物）的供应方式，实行了设计单位企业化和建设工程质量监理制度。

深度改革阶段（1992年至今），强化招投标制度，实施施工图审查、建筑施工许可、工程质量监督等系列制度，齐抓共管，确保建筑工程质量。

（二）现行建设工程项目管理体系

我国现行建设工程项目管理体系基本概况如下。

1. 已建立相对完善的制度化的建筑工程质量管理法规制度体系

我国在制度上对建设工程施工有着严格的管理，并已形成了由企业资质管理至建设施工档案管理的一整套建筑工程质量管理法规制度体系，具体包括建筑企业资质管理制度、建筑施工许可证制度、工程质量监督制度、建设工程施工现场管理制度、建筑安全生产管理制度、竣工验收备案管理制度、建设工程质量保修制度、建设工程合同管理制度、城市建设档案管理制度（图8-1）。

2. 建筑工程施工、验收、管理的技术规范、标准、文件相对完备

在建筑工程施工、验收、管理方面，我国的技术规范、标准、文件体系相对完备，其中有通用技术标准方面的《建筑工程施工质量验收统一标准》GB50300-2001，专项技术标准方面的《建筑装饰工程施工及验收规范》JGJ73-91，施工工艺方面的《混凝土泵送施

工技术规程》JGJ／T10-95，监理规范方面的《建设工程监理规范》GB50319-2000 等。

建筑企业资质管理制度

建筑施工许可证制度

工程质量监督制度

建设工程施工现场管理制度

建筑安全生产管理制度

竣工验收备案管理制度

建设工程质量保修制度

建设工程合同管理制度

城市建设档案管理制度

图8-1 我国建筑施工质量管理制度

此外，还有《建筑工程施工技术措施》、《建筑装饰装修工程安全教育、培训与考核及强制性标准规范实用手册》、《建筑节能工程施工质量验收规范宣贯实施手册》等一系列的文件、出版物作配套。经过60余年的建设积淀，已初步建立起我国特有的建筑施工标准体系。

3. 保证施工质量、促进技术进步的奖惩办法日渐成熟

为确保建筑工程施工质量，各地方及国家层面上举行的各类建筑工程项目评优活动已经呈常态化趋势，如鲁班奖等，每年各地也会开展自己的施工项目评优活动（图 8-2 ）。

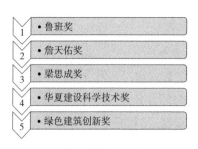

图8-2　我国建筑行业内五大奖项

4. 住宅产品认证、优良住宅部品认定等工作也正在全国陆续开展，详见第 10 章。

二、面临的主要问题

在现有工程项目管理体系、施工建造技术以及住房建设产业链的支撑下，保障性住房的开工建设、施工质量得到了基本保障。但从目前情况看，保障性住房工程建设质量方面存在不少亟待解决的问题。一些地方保障性住房工程施工、监理、质量验收把关不严，个别工程使用的建筑材料不合格，施工质量低下。为了使保障性住房施工建造质量管理形成常态化机制，积极推进行业先进技术、产品应用，充分发挥政府项目的示范带头作用，保障性住房施工建造体系建设仍需注意解决如下几个问题：

（一）保障性工程承发包管理

工程承发包是工程建设落实实施的第一步，优秀工程施工、监理企业的承包建设是确保保障性住房工程施工质量的基础。由于保障性住房建设是"百年大计"，社会影响深远，对施工质量的要求也要远高于普通住房，因此，严把工程承发包关口，从源头上把好"准入"门槛，从管理上实施"备案"年检，才能使保障性住房建设工程夯实基础，良性发展。

（二）技术、产品选用准入

保障性住房建设量大面广，近年来更是成为房地产市场上的主要建设类型。严选保障性住房应用技术、产品，从保证质量上讲，可以确保工程优质优价，从地方产业链培育上讲，可以形成示范，促进竞争。目前，保障性住房建设施工的技术、产品选用比较分散，并没有充分发挥保障性住房作为政府工程所应起到的市场宣传与团购优势，应强化产品、技术选用的过程控制和验收管理，确保工程质量，促进地区住房施工建造水平的提升。

（三）新型施工建造体系的推广应用

目前，住宅建筑的施工多采用现浇钢筋混凝土施工技术以及配套工程做法。室内外装修、设备和设施的安装操作等都是以现场手工操作、湿作业为主。这种施工建造体系不但污染环境，并且施工工期长，效率低，工程质量监控困难，无法达到较高的施工精度要求（图8-3）[1]。

（a）钢筋工程　　　　　　　　　　　（b）砌筑工程

图8-3　传统现浇钢筋混凝土剪力墙结构施工技术[2]

---

① 按照相应规范，我国钢筋混凝土异形框架、剪力墙结构住宅建筑的施工安装公差一直较大。

② 来源：（a）万利五部分掀起施工大干热潮. 路桥华祥国际工程有限公司. http://www.fheb-hx. com/view1.aspx?id=4313（2016.04.21）
　　　（b）南京某住宅小区采用高品质干粉砂浆机械化施工. 中国预拌干粉砂浆网 http:// www.ybshajiang.com/show_3380.html（2010.11.23）

自21世纪初开始，我国各地住宅房地产开发一路高歌猛进，快速增长，单位住宅小区建设工程不但用地面积大、容积率指标高，而且为了配合不断高涨的购房需求，加快资金回笼速度，甲方一般都会要求加快施工进度，人为提高建设速度。在此快捷建设的需求下，现浇钢筋混凝土施工技术手工作业效率低、可重复性差、工时长等问题愈发突出，市场需要有更加低污染、高效率的新型施工建造方式来替代。

我国自20世纪末即开始推行建筑产业化、施工建造工业化①。进入21世纪，钢筋混凝土装配整体式施工建造技术、钢结构施工建造技术等工业化施工技术逐渐被应用于普通商品住房开发项目，例如2007年上海万科在浦东建设的万科"新里程"住宅项目就是上海地区首个采用预制外墙板装配整体式施工方式、室内装修装配式的工业化住宅试验项目。经过近10年的实践摸索，工业化住宅室内外装配式施工技术已经日益成熟，经过各地工程项目的实践总结，各种建造类型工业化建筑设计规范、标准等的编制、出版已近在眼前（图8-4）。

由于目前我国各地保障性住房建设需求量仍较大，户型要求相对标准，变化较少，且政府对项目建设具有较大的话语权，因此，特别适合于推广工业化住宅建造技术及建造方式，既便于大规模建造施工，又便于确保施工品质，作为国家、地方政府示范项目，引领当地建筑工业化发展方向（图8-5）。

---

① 2014年，住房和城乡建设部即将出台政策，推动建筑产业现代化，并确定多项发展目标，其中之一是用产业化方式建造的新开工住宅面积所占比例要逐年增加，每年增长2个百分点。

上海市规定住宅建设项目的工业化装配率要达到50%。

（a）PC 装配式住宅 ①

（b）钢结构墙板、楼板装配式住宅 ②

图8-4　工业化住宅施工方式

（a）PC 装配式北京公共租赁住房 ③

（b）钢结构杭州萧山保障性住房 ④

图8-5　工业化建造技术在保障性住房中的应用

---

① 　2014 年 7 月，由上海五建集团承建的位于上海松江区洞泾镇银泽路以南的国际生态商务区 14 号地块的 3 栋 22 层、高 62.75m、总建筑面积达 3.35 万 m² 的预制装配（PC）住宅，近日实现主体结构封顶目标。来源：集开发、设计、施工与构配件生产一体化优势，集团预制装配住宅创多项"之最". 上海建工 .http://www.scg.com.cn/news_picNews_detail-4047.html（2014.07.31）
② 　来源：微观建设——住宅产业化梦想何时照进现实 . 中华建设网 http://www.zhjs.cc/wzt/22.html.
③ 　北京郭公庄一期公租房项目。来源：没有围墙的小区、全装配式的住宅——郭公庄一期公租房项目回顾 .CADG 居住建筑事业部的博客 http://blog.sina.com.cn/s/blog_a0521d910102wvft.html.（2016.02.25）
④ 　钱江世纪城人才专项用房一期工程位于杭州市萧山区钱江世纪城，是国内首个钢结构体系保障性住房，该工程的总建筑面积为 36.82 万 m²，由 8 幢 26 ～ 40 层的高层住宅组成。项目以公共租赁房为主，将为萧山区引进的人才提供 1632 套公共租赁房、884 套保障性人才公租房和 336 套人才专项用房，2015 年底建成后，将成为全国最大规模的高层钢结构保障性住宅群。来源：全国首个最大规模钢结构保障房年底完工 . 建设快讯 http://news.zjtcn.com/499316.html（2015.08.14）

三、发达国家和地区公共住房施工建造体系

由于发达国家和地区在公共住房建设方面起步较早，有相对完善的施工建设管理制度体系，可以为我国保障性住房施工建造体系建设提供借鉴与参考。

（一）中国香港

1. 政府工程的认可承建商制度

为确保承办政府工程的承建商在财政、专业知识、技术、管理和施工安全等方面达到一定水平，香港政府发展局和运输及房屋局一直推行公共工程认可承建商制度。政府工程除个别特殊情况外，一般只邀请"公共工程认可承建商名册"内的承建商参与投标。

认可承建商分为"公共工程认可承建商"和"公共工程认可物料供应商及专门承建商"（简称专门名册）两大类。按工程专业划分，第一大类承建商分为建筑、海港、道路与渠务、水务、地盘平整5个工程类别；第二大类承建商分为空调及制冷、防盗及保安、电器、消防、升降机及自动梯、道路标志等51个工程类别。一个承建商可被纳入其中一个或多个工程类别。

为了客观、公正地评核承建商在履行工程合同期间的工作表现，发展局制定了一套科学、合理的评核办法。评核内容由工作素质、进度、地盘安全、环境污染管制、组织、一般责任、工业意识、资源、设计（仅限于设计及建造合约）、处理紧急情况等10个项目组成。评核工作由各工程部门负责，从工程合同开始每3个月评核一次，直至工程完成并取得保养期完结证明为止。每次的评核报告均作为重要资料，由负责评核的工程部门直接通过电脑网络录入发展局的"承建商管理资讯系统"。对于工作表现欠佳或违反规则的承建商，发展局会视其情节轻重分别给予警告、自愿暂停投标、强制暂

停投标、降格、降级、除名等处罚。

2. 政府认可建筑构件和物料制度

为了确保认可供货商提供的物料符合房屋署的规定，政府建立和管理认可建筑构件和物料名册。政府必须经常进行调查、监督测试和工场视察，当中需要总结构工程师职级的专业人员参与工作。未进入政府认可建筑构件和物料名册的建筑构件和物料不能用于政府工程。

3. 政府工程的顾问公司制度

香港政府工程项目的可行性研究、规划设计、施工监管和成本控制等工作，一般由政府各工程部门进行。但在政府人手不足，工程需特别专门的知识或工期要求特别紧急时，政府也会聘请顾问公司。

为保证所聘用的顾问公司有较高的服务水平和质量，香港政府对顾问公司实行登记制度。一般情况下，只有登记在册的顾问公司才会被政府考虑聘用。登记在册的顾问公司每年必须提供最新的资料，其等级每年检讨一次。

（二）新加坡

1. 工程承包企业的资质管理

新加坡政府对于工程承包企业的资质管理主要是通过新加坡建设局（Building and Con-struction Authority，BCA）制定的承包企业注册制度进行的。该注册制度将承包企业的资质评定分为两个部分：一部分是承包企业所能从事的工程类型；另一部分是承包企业从事该工程类型的资质等级。工程类型分为五大类：建筑工程、与建筑有关的工程、机械与电气工程、材料供给工程、掩护及零碎工程。每个工程大类下又分若干个小类，如建筑工程分为通用工程和土木工程。对于承包企业在每个工程类型中的资质等级，BCA规定：建筑工程类分为 7 个级别（C3、C2、C1、B2、B1、A2、A1），除与建筑有关的工程中的小型工程、拆卸工程及零碎工程外，其他类别的工程均分为 6 个级别(Ll ~ L6)。承包企业在某一工程类别下的级别越高，其所能承担的工程总金额越大（表 8-1)。

表8-1　新加坡工程承包企业的资质等级

工程类型		资质等级
建筑工程	通用工程	C3、C2、C1、B2、B1、A2、A1
	土木工程	
与建筑有关的工程		L6、L5、L4、L3、L2、L1（除小型工程）
机械与电气工程		L6、L5、L4、L3、L2、L1
材料供给工程		L6、L5、L4、L3、L2、L1
掩护及零碎工程		L6、L5、L4、L3、L2、L1（除拆卸工程和零碎工程）

新加坡的承包企业注册制度对于参与公共工程的承包企业是强制履行的，参与私人工程的承包企业则可自愿申请。经过注册的承包企业的有关信息都颁布于 BCA 的网站上，输入承包企业的注册名就可查询到它的注册信息，同时还可以获得其可承揽工程的工程性质、规模大小以及相应的合同限额等信息。通过该网络系统，业主单位可控制承包企业的实际情况，大大简化了政府工程招标时资格审查的程序。

2. 建筑允许制度

新加坡《建筑管理法》规定，工程项目在开工前必须取得政府主管部门颁发的施工允许证。施工允许的受理是由 BCA 具体负责的。施工允许证的申请由业主、承包商以及业主或承包商委任的进行工程项目监督的资质人员三方共同申请。取得施工允许必须具备三个条件：工程项目已获得 U - RA 的书面批准、设计图纸已获得 BCA

的批准及已任命有 BCA 批准的现场监督员（图 8-6）。

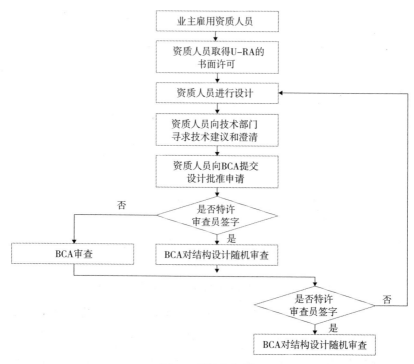

图8-6　设计审查流程

除对施工允许的规定外，新加坡政府还要求任何建筑在取得正式使用允许（Certificate of Statutory Completion，CSC）或临时占用允许（Temporary Occupa-tion Permit，TOP）之前均不得投入使用，使用允许的管理由新加坡建设局负责。TOP 只能看作是工程项目达到使用要求，但未被证明其完全符合法律法规的要求。工程项目若要合法使用，还需获得 BCA 颁发的 CSC。CSC 或 TOP 的申请必须通过新加坡国家发展部（Ministry of National Development，MND）的 CORENER 电子提交系统进行（图 8-7）。

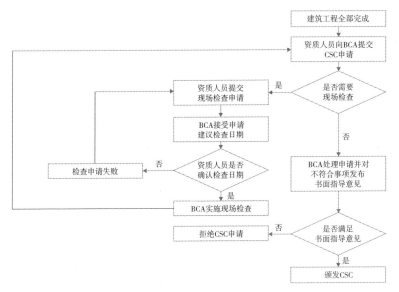

图8-7 申请CSC流程

3. 工程质量评价系统

BCA 制定了一套建筑工程质量评价系统（constructionQuality Assessment System，CON-QUAS），用来对工程项目质量进行评定。目前，该系统的有效版本为 2000 年颁布的 CONQUAS 21 版。该系统最初对于公共工程是强制履行的，但现在有越来越多的私人工程也开始自愿采用。

CONQUAS 系统的评价内容由三部分组成：结构工程、装饰装修工程和机械电气工程。该系统对于结构工程和机电工程的质量评价是贯穿于全部施工过程的，对于装饰装修工程的质量评价在工程完成落后行。CONQUAS 系统具体评价过程分为三个阶段：根据施工图分部分确定抽样数量和实际评价地位，进行抽样检查；现场检查，并抽取部分材料和设备进行试验；评分，按各部分权重汇算工程的 CONQUAS 分数。

BCA 规定对 CONQUAS 的评分以第一次检查的成果为准，即使承包商事后进行纠正，系统也不对评分进行修正。通过这项规定以增进承包商工程质量管理程度，确保工程质量一次施工合格，减少返工及质量隐患。

4. 住房使用检查制度

新加坡《建筑管理法》规定建筑物在投入正式使用后，政府仍然要定期进行检查，对于住宅项目，规定每 10 年检查一次，对于非住宅项目，每 5 年检查一次，以确保其能安全应用。该项工作由BCA 负责，具体检查工作由 BCA 认可的结构工程师负责。其具体操作流程为：BCA 向业主发出应用检查通知，业主接到通知后雇用结构工程师进行检查。结构工程师首先进行观感检查，并向 BCA 提交观感检查报告，同时提出是否进行全面结构检查的建议。BCA 根据结构工程师的建议对是否进行全面结构检查作出判定。若需进行全面结构检查，结构工程师则持续进行检查，并向 BCA 提交全面结构检查报告。该报告含有对掩护工程结构稳固性的建议，业主需按照该建议进行修补。在进行全面结构检查时，业主可调换结构工程师，而且所调换人员须通知 BCA（图 8-8）。

（三）英国

1. 施工建设管理

英国公共项目的施工建设管理主要体现在立项上，建设过程中的管理主要靠市场机制。严格的招标制度保证了承包商在技术、管理、资历和信誉上都是可以信赖的，英国政府采用 PSA（Property Service Agency）方式将施工的管理委托给专业咨询机构，由专业人士来负责重要技术环节的把关，工程中质量、技术、安全、成本责任非常明晰。由于专业人士的风险责任制度、无限连带经济责任和责任保险制度的约束，形成了整个工程咨询行业人员必须向政府负责，向业主负责的运行机制。正是这样，政府能够把公共项目的施工交给社会去管理，减少了政府部门的参与，政府权

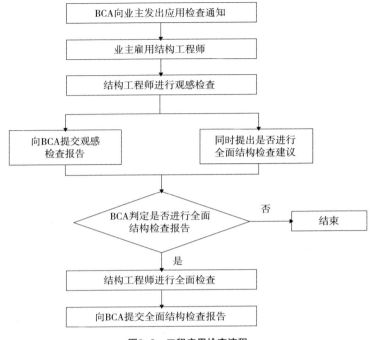

图8-8　工程应用检查流程

力的减少也就减少了设租的可能性。由此我们可以看出，英国的公共项目管理遵循这样的原则：公共项目中能拆分开来让市场进行管理的尽量通过市场进行管理，以减少政府设租的可能性。必须由政府部门进行管理的，则严格审批制度和监督体制，以增大"寻租"和"设租"成本。

2. 工程合同管理

英国是现代合同管理的发源地之一，以总承包为基础的工程项目管理模式已经有近200年的历史。英国的公共项目没有专门的合同文本，而是采用英国的两个标准合同格式，即英国土木工程师学会（ICE）编制的《土木工程施工合同条款》和英国皇家建筑师学会（JCT）编制的《建筑业标准合同条款》。ICE合同属于固定单价合同的格式，以实际完成的工程量和投标书中的单价来控制工程项目的总造价；而 JCT 合同则以总价合同的形式出现，当然，这个总合同价是可以随着一定的工程变动而变动的，当工程实施过程中实际完成工程量较合同中的工程量增多时，则作为工程变更，相应地调整总合同价的金额。

四、保障性住房施工建造体系框架

根据以上分析，借鉴国外先进管理经验，结合我国情况，提出我国保障性住房施工建造体系应该包括如下 3 个部分。

（一）保障性住房工程承建企业准入、备案制度

1. 建立保障性住房工程承建企业准入、备案制度

（1）保障性住房工程认可施工企业名录

由各施工企业自主申报，各地方政府或政府委托的社会第三方公信机构牵头，组织审查，审查内容包括申报施工企业的资质审查、施工业绩审查、施工技术审查以及人员、机械等的配置情况审查等。符合审查要求的企业入选认可施工企业名录，并拥有优先承揽该地区保障性住房建设项目的优待。同时，企业一旦入选名录，还要接受来自政府或第三方机构的定期考核，对入选期间的工程项目质量、人员设备变动等实施监督检查。

（2）保障性住房工程认可监理企业名录

由各监理企业自主申报或行业协会推荐，各地方政府或政府委托的社会第三方公信机构牵头，组织审查，审查内容包括申报监理企业的资质审查、监理业绩审查以及对从业人员的配置情况审查等。符合审查要求的企业将入选认可监理企业名录，并可优先承揽该地区保障性住房建设工程监理项目。入选企业要接受定期考核检查，

企业技术、人员变动要进行自主申报备案。

（3）保障性住房工程认可材料、部品供应厂家名录

由各企业自主申报或行业协会推荐，各地方政府、行业协会或具有认证资格的社会第三方机构组织审查评审，审查合格者入选厂家名录，并接受定期考核检查。

2. 建立保障性住房工程承建企业审查考核机制

（1）承建企业准入资格审查制度

施工、监理企业名录的入选评审应由政府或政府指定的第三方公信机构负责组织落实，评审方式、内容以及评审依据应有具体评审标准、实施细则等做好保障，形成稳定的审查考核机制。

（2）承建企业工程建设质量备案考核制度

为了保证真正优秀的施工、监理企业入选，督促企业严格履行工程合同，遵守行业规范，对该施工、监理企业在建以及交付后的保障性住房建设工程实施工程质量跟踪考核备案，并对不达标企业实施整改警告、暂停投标、除名降级等处罚。

（二）保障性住房适用性建造技术、产品选用平台

1. 保障性住房适用性建造技术、产品选用名册

为了确保产品厂家提供的产品符合当地保障性住房建设要求，应由各地方政府牵头，委托第三方公信机构负责组织管理保障性住房适用性建造技术、产品选用名册的评选，并在工程建设与运营使用期间，经常定期进行现场调查、后期回访。入选该名册的产品可优先用于当地的保障性住房工程。

2. 保障性住房适用性建造技术、产品评价标准与评价实施细则

为了保证评选工作的公正公平，各地应编制保障性住房适用性建造技术、产品选用名册的评选标准，工程施工期间的现场调查、后期回访的评价要求以及保障性适用建造技术产品选用名册的具体实施细则。

（三）新型施工建造体系及关键技术的集成与示范

1. 新型产业化施工建造体系集成与示范

（1）预制装配式钢筋混凝土结构

预制装配式建造方式是将建筑中的主要构件和部品在工厂制造完成，再运输到现场，经机械化安装后，形成满足预定功能要求的建筑物。发展预制混凝土装配式结构是实现国家建筑节能减排目标和住宅产业化的一个有效途径。构配件生产工厂化、现场施工机械化、组织管理科学化，可以减少建筑垃圾，减少建筑施工对环境的不良影响，提高建筑质量，提高节能产品在建筑中的集成程度，节约劳动力，缩短建造周期。

将装配式建造方式运用于保障性住房建设，一方面能够从构件及部品的生产环节控制其质量，保证保障性住房的建设品质；另一方面，通过工厂化的构配件生产方式可以明显缩短建造周期。

1）海外技术 [①]

目前国际上的新型装配式混凝土结构主要包括如下技术。

速成墙结构体系（澳大利亚），外壳用石膏板、玻纤板制成空心腔墙板，部分空心石膏玻纤墙板可用于各种非承重内外隔墙及 1~2 层承重墙结构。建造速度快、用工少，安装简单，运输方便，节能环保，但不能用于抗震设防地区的承重墙体。

外壳预制核心现浇装配整体式 RC 结构体系（日本），混凝土结构的梁柱构件的混凝土保护层连同箍筋预制（称为预制外壳或永久性模板），外壳装配定位并配置主筋后浇筑核心部分混凝土的装配整体式 RC 结构。它可节省大量施工模板，较少用工，交叉作业方便，施工进度块，安装精度高，质量好，节能减排，结构整体性、抗震性好。

---

① 本节内容依据：应惠清 . 新型装配式建筑结构——兼谈住宅产业化（PPT）. 道客巴巴 http://www.doc88.com/p-9455407081214.html（2013.12.03）的内容整理而成。

钢筋混凝土叠合板式剪力墙结构体系（德国），包括预制钢筋混凝土叠合墙板和钢筋混凝土叠合楼板，性价比高，可预埋门窗、管线等，施工速度快。

预制钢筋混凝土叠合剪力墙结构（日本、中国香港），该结构包括预制钢筋混凝土外墙模板、预制钢筋混凝土阳台等预制构件。运至现场进行吊运安装，而后绑扎剪力墙钢筋，安装内墙模板，浇筑剪力墙混凝土，楼板亦可为现浇或装配。它的外墙可粘结面砖，主体承重力是现浇结构体系，刚度、强度、抗震性均较好，适用于抗震设防地区的多、高层住宅。这也是目前我国主流预制装配式混凝土结构技术学习的主要对象。

2）国内技术 [①]

国内目前较为先进的预制装配式混凝土结构技术主要有如下内容。

宇辉预制装配式剪力墙结构（间接搭接连接），黑龙江宇辉集团开发的该结构体系，应用了预制墙体、预制阳台、预制楼梯、预制叠合板等建筑构件，例如保利花园。

远大住工现浇结构外挂板体系，长沙远大住工在整体厨卫、成套门窗等技术方面实现了标准化设计并建设了以预制混凝土外墙板为主的工业化生产、配套化供应的建造体系。

大地集团装配式框架外挂板体系，南京大地集团采用预制构件流水线生产，生产及施工效率高、成本低，但是框架结构不符合国内主流住宅特点，预应力叠合楼板存在一定反拱，例如万科上坊保障房公寓。

中南建设装配式剪力墙体系，中南建设采用装配式剪力墙体系，节点现浇，浆锚连接，装配率及预制率高，构件可采用预制构件流水线生产，经济性较好，但建筑高度受限。

---

① 本节内容依据：装配式建筑发展概况、技术体系及案例分享（PPT）. 百度文库 https://wenku.baidu.com/view/d491feda4a7302768f993938.html（2016.02.06）的内容整理而成。

合肥西伟德宝业叠合式剪力墙体系，合肥西伟德宝业采用德国技术，装配率高，整体性好，效率高，技术成熟，但是建筑混凝土和钢筋含量高，材料成本高。

万科预制装配和精装修集成体系，以深圳、上海、北京万科为首，以日本装配式混凝土技术为中心，分别在三地进行的一系列预制装配式混凝土结构技术和室内精装修装配集成技术体系的实践。其中有深圳万科的预制装配式混凝土框架结构技术、上海万科的预制剪力墙叠合板结构以及北京万科结合本地气候条件、地震烈度情况进行的预制装配式混凝土结构体系等（图 8-9）。

（2）钢结构

钢结构与传统的混凝土结构相比，具有自重轻、抗震性能好、灾后易修复、基础造价低、材料可回收和再生、节能、省地、节水等优点。钢结构住宅完全符合"标准化设计、工厂化生产、装配化施工以及一体化装修"的住宅产业现代化发展思路，是我国告别现场手工砌筑，促进住宅建筑生产方式变革，推动住宅建筑转型升级和可持续发展的有效途径。

在保障性住房建设中推行钢结构的建设方式，这一住宅结构形式不仅能够给用户营造更舒适、安全的使用空间，而且在提高住宅建设质量和产业化方面可发挥重要的、积极的作用。

我国的钢结构研究与实践在 20 世纪末开始试水，经过 20 余年的摸索，至今已经形成了以各地钢铁生产集团企业为主要推手的较为成熟的钢结构建造技术体系。例如杭州萧山钢构件公司推行的杭萧钢构"钢结构住宅体系解决方案"（包括钢结构承重主体、非承重灌浆墙板等）（图 8-10）[1]。

---

① 来源：杭萧钢构钢结构住宅体系简介. 百度文库 https://wenku.baidu.com/view/5e1c2be2e009581b6bd9eb61.html（2012.12.08）

（a）构件进场、卸车

（b）构件堆放在场地上

（c）构件起吊、安装

（d）构件起吊、安装

（e）临时固定

（f）叠合板放置

（g）阳台安装

（h）部分现浇混凝土浇捣

（i）一个楼层完成

图8-9　上海万科新里程构件与结构同步装配体系和连接工法

　　目前国内已经编制出版了国家标准图集《钢结构住宅（一）》05J910-1、《钢结构住宅（二）》05J910-2，明确规定了多种钢结构体系的钢结构住宅建筑构造、结构连接构造等体系要求（图8-11）。钢结构建筑的国家规范编制业已进入尾声。

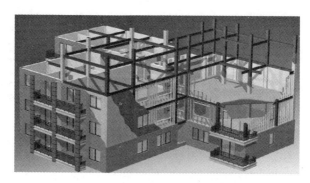

图8-10　杭萧钢构钢结构住宅体系

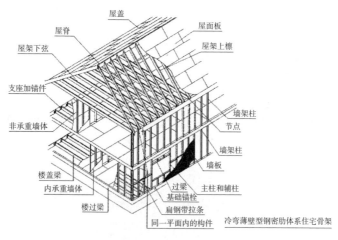

图8-11　国家标准图集——《钢结构住宅（一）》05J910-1[①]

---

① 来源：中国建筑标准设计研究院，建设部住宅产业化促进中心. 05J910-1 钢结构住宅（一）. 百度文库 https://wenku.baidu.com/view/fb3a73b46294dd88d1d26b4c.html（2014.09.23）

（3）装配式全装修住宅体系

20世纪50~60年代，我国学习苏联，在全国建筑业推行标准化、工业化、机械化，发展预制构件和预制装配建筑，掀起了第一次建筑工业化浪潮。1996年，建设部为提高住宅工业化发展水平，在全国范围内选择部分地区和企业进行住宅产业现代化的试点，并制定、发表了《住宅产业现代化试点工作大纲》，提出"以规划设计为龙头，以科技进步为核心，充分运用新材料、新技术和新工艺，大幅度提高住宅建设的劳动生产率和工程质量，降低住宅成本，提高住宅建设的整体水平"的指导方针。

万科引进日本的PC装配技术，尝试进行住宅建造的工厂化生产。这一探索在业内引发了人们对住宅工业化建造方式的诸多讨论，与此相比，长期以来，住宅装修工程以湿作业为中心，精准度低下，管线施工粗暴、混乱等问题屡遭各方人士诟病。

相对于厨房、卫生间装修需要面对设备安装、防水防潮等诸多复杂问题，居室装修则相对单纯，且工程量大，最有可能也最应该实现装修施工的工厂化。

以日本为例，日本的工业化住宅或装配式住宅的居室内装修做法多采用干法作业——板式工法，即架空木地板、轻质板式隔墙、板式吊顶等。其中，按照墙、棚、地（楼）内饰施工顺序的不同，可以大致分为先做吊顶、地（楼）面，后做墙面的"棚地面先行工法"以及先立墙面，后做吊顶、地（楼）面的"隔墙先行工法"（图8-12）。

"棚地面先行工法"不但便于管线在面板后空腔内从一个房间自由穿行到另一个房间，同时，房屋使用过程中，内隔墙可根据需要自由移设，且不破坏顶棚、地（楼）面，非常适合SI住宅格局自由、可变的特殊要求。但是，由于隔墙并没有上顶上层结构板底、下触本层结构板面，声音可以通过居室与居室之间隔墙上下方的空隙传递过来，因此，采用此种做法尤其需要在隔墙上下空隙处做好隔声、防震处理。

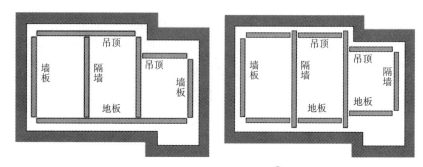

图8-12　内装系统工法分类[1]

与"棚地面先行工法"相比，"隔墙先行工法"由于隔墙顶天立地，在隔声与施工便捷性上具有相对优势。同时，也由于它是先立墙，各居室分别施工吊顶、地（楼）面，因此，可以满足对各功能空间不同标高的特殊要求，利于空间在竖向的自由变化。但是，因为管线穿越居室要凿洞穿墙，所以在管线铺设的自由性上明显不如前者。

比较居室板式做法与电气管线安装方式，可发现居室内饰面做法与结构主体越脱离，电气管线铺设的自由度就越好，施工做法越便捷，对结构主体的破坏可能性也越小，因此，内装修部分与主体结构脱开、干法施工、板式工法的内装系统应该是最适合工业化住宅，甚至是 SI 可变住宅的一种内装施工方式（图 8-13）。

① 来源：日本住宅板材工业协会 http://www.panekyo.or.jp.

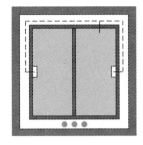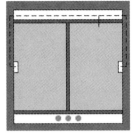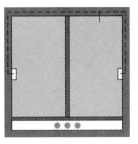

图8-13　管线穿行方式的比较[①]

　　装配式全装修体系主要包括：多重架空地板系统、板材内墙系统、板式吊顶系统。

　　1）多重架空地板系统

　　常见的多重架空地板系统主要包括下部支撑脚、中间垫层板材、上部面层地板材3个部分。为了防震，支撑脚的脚部多下裹橡胶垫，垫脚高度可以通过调整垫脚螺栓进行找平、对位，以保证在施工安装中所有垫脚的上部界面可以保持一个统一的平整高度。

　　多重架空木地板的常见工程做法为：清理与平整结构板面；立支撑脚，并调整支撑脚高度；铺设复合板垫层板材，然后根据垫层板材的平整情况，调整支撑脚高度，垫层板材与支撑脚上方的垫块相互固定；垫层板材上部按客户的使用要求，铺设楼面层材料（图8-14）。

　　实际上，在日本，多重架空地板系统的应用非常广泛，生产与安装厂家数量众多。因为自由竞争的缘故，各厂家或施工单位的工程做法也是多种多样，各有所长。无论何种形式，支撑脚、垫层、面板，有些还会在架空层内铺设填充材料，构成了多重架空地板系统的基本组成（图8-15）。

---

① 来源：日本住宅板材工业协会 http://www.panekyo.or.jp.

图8-14　二重架空地板[1]

图8-15　二重架空地板（含填充材）[2]

2）板材内墙系统

日本传统住宅以木结构为主，因此它的内装系统因袭传统，自然形成了以立筋、板材面层为主的轻型结构内墙系统。之后，随着钢结构、钢筋混凝土建造技术的发展，这种住宅用轻型板材内墙系统的应用越来越广，配套产品、工具、施工技术也日趋成熟。因板材内墙系统施工方式具有施工便捷、省工时、现场环境整洁、表面平整度高等特点，目前，立筋或立龙骨—垫层板材—饰面材的板材

① 来源：日本住宅板材工业协会 http://www.panekyo.or.jp.

② 来源：日本住宅板材工业协会 http://www.panekyo.or.jp.

内墙系统在日本集合住宅中的应用极其广泛（图8-16）。

图8-16 板式内墙系统[①]

　　与架空地（楼）面做法一样，板式内墙系统的具体构造做法也是多种多样的。按照内墙面与结构主体的关系，可以将其分为如下两大类。

　　一类是指贴附着结构主体的内墙面做法。它们的内装做法有依附于结构墙体的，如钉轻钢龙骨或立木筋，外立饰面板；或在结构墙体内表面均匀布置石膏饼或支撑脚，通过粘结、锚固等方式外立饰面板；或内装部分不依附于结构墙体，通过内装构造与上一层楼板底部、本层楼板上部固定连接，自立支撑。不管采用哪一种方式，饰面基层采用垫板（板式）找平，严格确保墙面平整、无裂纹等表面瑕疵的基本思路是不变的（图8-17）。

① 来源：日本住宅板材工业协会 http://www.panekyo.or.jp.

图8-17　内墙系统（贴附式）[1]

以支撑脚连接式内墙面系统为例。同样做支撑脚，可以通过增加空腔内填充材料，大幅改善墙体的整体隔声、防震、保温性能，也可以通过木龙骨附设支撑脚，改变一般单独支撑脚的铺设方式，既可提高施工效率，也有益于垫层平整度的调整。一般讲，支撑脚与支撑脚配件、材料，甚至工具都是自成系列的，就是为了达到本产品整体性能的最优。因此，可以说，日本的内装系统产品不但多样，而且还自成体系（图 8-18）。

图8-18　内墙系统的配套材料[2]

①　来源：日本住宅板材工业协会 http://www.panekyo.or.jp.
②　来源：日本住宅板材工业协会 http://www.panekyo.or.jp.

　　另一类是自立式内隔墙做法。沿袭传统的木构建筑，常见的构造方式多采用立龙骨、立木筋，两侧贴附垫层板材，空腔内有时添加一些隔声、减振材料。其中很多类似于我国的轻钢龙骨石膏板构造，施工原理与顺序类同。有些通过变动局部构造做法，如整合部分龙骨、垫层板材，在工厂集约化生产，减少现场施工安装工序，从而达到节约劳动力、缩短工时的目的。将上述集约化发挥到极致，就是工厂生产完整的自立式条板，现场干式工法连接安装（图8-19）。

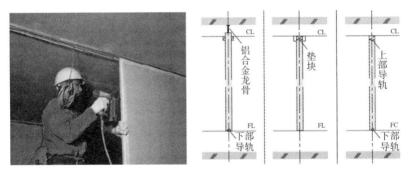

图8-19　内墙系统（自立式）[①]

3）板式吊顶系统

　　居室做吊顶主要是为了电气管线可以在吊顶空腔内穿行，到达灯位或用电点，而不至需要去凿剔上层结构楼板底，或露明安装。为了更加节省现场施工工时，有些吊顶的外饰面材料在工厂里就被事先附加在吊顶板材的表面，到现场只需安装成品吊顶板，不需要另做饰面层工序。这种将系统内两道或多道工序整合在一起，移至工厂集约化生产，现场施工既省力又省人的基本思路，是推动日本住宅建设逐步提高部品化率、实现住宅工业化的主要动力，并一直

---

① 来源：日本住宅板材工业协会 http://www.panekyo.or.jp.

贯穿于战后日本建筑施工工业化的始终（图 8-20 ）。

图8-20　顶棚系统[1]

　　我国的居室装修一般墙面、顶棚多采用腻子找平，表面刷涂料，地面采用抹灰找平，表面铺面砖或地板，施工中不但有很多湿作业环节，而且管线铺设多需剔槽埋设，施工麻烦，且不利于以后居室的更新改造。2000 年，万科率先在上海"新里程"项目中引进日本的内装系统，采用了轻钢龙骨石膏板隔墙、石膏板吊顶、架空木地板，其后，万科又在"金色雅筑"住宅工程中扩大内装系统的应用范围。使用中出现了霉烂、不隔声等问题，究其原因，一方面是因为施工技术、监督管理等不到位，另一方面，产品施工培训不够，选用产品的集成化水平仍有不符合我国施工习惯与条件之处（图 8-21 ）。

　　日本沿袭传统木构建筑的施工方法，总结出了一套用于集合住宅的完善的装配式内装系统。该系统以施工快捷、更改简便为基本原则，各种工法安装方式多样，部品、配件成套，在性能、安装便捷性上各有所长。我国在引进吸收时，应根据自身条件选择采纳。

---

[1]　来源：日本住宅板材工业协会 http://www.panekyo.or.jp。

图8-21 万科新里程内装修

2. 新型产业化施工工法集成与示范

（1）PC、PCF大板装配式施工工法

大板住宅指事先预制好大板，经现场组装装配而成的建筑物，其特点是除基础以外，地上构件均为预制构件，装配连接而成。大板住宅具有装配化程度高、施工速度快、工期短及自重轻等优点。在20世纪70～80年代，它曾在我国有很大的发展，但随着改革开放后市场对多样性要求的兴起，90年代后，大板住宅建设基本退出市场。

借着保障性住房建设的契机，大板住宅建设再次成为可能。大板的工业化生产，提高了住宅部件化率。同时，构配件的工厂化、系列化，易于保证质量控制工作，从而提高产品质量，减少现场湿作业量，缩短建设周期（图8-22）。

（a）大板吊装　　　　　　　　（b）大板安装

图8-22 大板住宅[1]

---

[1] 来源：住宅公园. 装配式建筑—一块混凝土预制大板的故事. 搜狐公众平台 http://mt.sohu.com/20160101/n433242539.shtml（2016.01.01）.

（2）钢模板滑模施工工法

模板工程（forwork）指新浇混凝土成型的模板以及支承模板的一整套构造体系，制作、组装、运用及拆除在混凝土施工中用以使混凝土成型的构造设施的工作。使混凝土成型的构造设施称为模板。

钢模板滑模施工具有模板拼装速度快，周转次数多，施工便捷，墙板平整度、垂直度较好，阳角方正，施工周期短等优点。因此，为了提高施工经济效益，满足高精度施工技术要求，应尽可能采用钢模板滑模施工技术，努力提高钢模板周转次数。例如长沙远大住工开发的"集成住宅"就采用了钢模板滑模作业技术，模板充分重复利用，以确保现浇混凝土施工质量与速度（图8-23）。

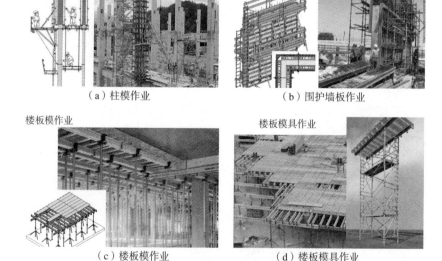

（a）柱模作业　　　　　　　　　　（b）围护墙板作业

（c）楼板模作业　　　　　　　　　（d）楼板模具作业

图8-23　远大住工集成住宅主要工法[①]

---

① 来源：住宅工业化——远大住工的实践与理解. 百度文库 https://wenku.baidu.com/view/1a3f526387c24028905fc311.html（2014.08.13）.

3. 新型产业化部品集成与示范

除保障性住房施工建造技术外，产业化部品集成也是保障性住房施工建造体系的重要组成部分。它将与新型建造体系、施工工法相配合，形成由围护结构构配件、内外装部品、设备部品组成的体系化部品集成平台，为部品品类的进一步扩展奠定基础。

与装配整体式结构体系相配套，住宅建筑产业化部品体系目前也是各地各主要住房生产厂家探索的重点。国内较为成熟的住宅部品体系，特别是内装修部品体系主要师法日本住宅室内装修系统，例如整体卫浴、整体厨房、整体橱柜、整体门窗套等，目前已批量生产并应用于装配整体式住宅室内装修工程（图8-24）。长沙远大、苏州科逸、北京博洛尼、广州圆方等公司均是国内行业中的佼佼者。

（a）整体厨卫　　　　　　　　　　（b）套装门与收纳

图8-24　远大住工集成住宅整体厨卫、套装门与收纳[1]

五、体系建设的措施、建议

第一，要明确以"统筹规划，因地制宜"为原则的建设管理体制，落实建设各方主体行为责任。

---

[1] 来源：住宅工业化——远大住工的实践与理解. 百度文库 https://wenku.baidu.com/view/1a3f526387c24028905fc311.html（2014.08.13）.

第二，要以政府为主导，组织完成制度设计、组织制定管理考核办法，以第三方机构为依托，实施对具体项目的质量管理与考核评价。

第三，要建立健全保障性住房建设技术、产品名录，强化对选用技术、产品的生产过程的定期检查以及使用情况的回访检查，即时做到产品信息的公开透明。

第四，要充分利用保障性住房建设的行业示范效应，尝试推行保障性住房项目产业化程度的量化指标要求，明确奖惩制度，并严格执行。

六、小结

保障性住房建设是百年大计，它的质量的好坏直接关系到社会和谐，影响极大，为了提高保障性住房工程质量，提高我国产业化技术水平，必须强化施工质量全过程的监督管理，大力推动施工方式、技术、产品的进步。

第9章 保障性住房运营维护体系

按计划，"十二五"期间，我国要建设各类保障性住房3600万套，到"十二五"末期，全国城镇保障性住房的覆盖面积达到20%左右。其中，除以出售为主的经济适用房、棚改房等之外，政府自有产权、长期持有，需承担其运营、维护甚至其后的更新改造的各类公共租赁住房、廉租住房510万套。面对如此巨大的建设规模与速度，以科学发展观统领我国保障性住房后期运营管理工作，是有效延长国有优良资产使用寿命，确保其不会因疏于日常维护管理而沦落成"城市贫民窟"的关键。

"科学发展观是坚持以人为本，全面、协调、可持续的发展观。"保障性住房建设、运营全寿命同样需要"可持续发展"。近年来，随着房屋建筑规模和速度的不断增长，由于建设及后期维护不当，致使房屋建筑使用寿命由50年逐渐缩短为平均30年，暴露出了住房建设中的"重建设，轻维护"，是旧有"粗放型"经济发展方式的体现。因此，强调保障性住房建设、运营全生命周期各阶段的可持续发展，特别是住房交付使用后的运营、维护，甚至住房使用寿命末期的更新再生、改造，是保障性住房资源充分利用、社会效益最大化的根本保证。

本着"科学发展"、"加快改变经济发展方式"的"十二五"规划指导思想，本章基于对现有技术支撑状况与面临的主要问题的分析，参考国外发展经验，搭建我国保障性住房可持续发展的技术支撑体系框架。

一、技术支撑的现状条件

改革开放以来，我国居住建筑的所有权结构发生了很大变化，已由原来单一的全民、集体所有，转变为多元化住房所有方式——全民、集体、私有、共有、租赁等并存的格局，其运营、维护管理也变得越来越复杂。为了适应这种变化，建立新时期的居住建筑运营维护管理机制，国家加大了建设立法、执法的力度，制定、颁发和实施了一系列关于房屋运营、维护管理的法律、法规和技术规范、标准，并按照市场化原则，规范和发展行业协会等自律性组织，建立和完善行政执法、舆论监督、群众参与的市场监管体系，已基本形成居住建筑质量安全管理的体系框架。

（一）法律和法规

1. 法律

1998年3月1日起施行的《中华人民共和国建筑法》，是最早提出对建筑工程实行质量保修制度的行业法律之一。该法明确规定："建筑工程的保修范围应当包括地基基础工程，主体结构工程，屋面防水工程和其他土建工程以及电气管线、上下水管线的安装，供热、供冷等项目；保修的期限应当按照保证建筑物合理寿命年限内正常使用，维护使用者合法权益的原则确定。"

2. 国务院令

2000年1月30日国务院发布的《建设工程质量管理条例》进一步细化了建设工程的质量保修范围、保修期限和保修责任，规定在正常使用条件下，建设工程的最低保修期限如下。

（1）基础设施工程、房屋建筑的地基基础工程和主体结构工程为设计文件规定的合理使用年限；

（2）屋面防水工程、有防水要求的卫生间、房间和外墙面为5年；

（3）供热与供冷系统为2个采暖期、供冷期；

（4）电气管线、给水排水管道、设备安装和装修工程为2年；

（5）其他项目的保修期限由发包方与承包方约定。

建筑工程的保修期自竣工验收合格之日起开始计算，建筑工程在保修范围和保修期限内出现质量问题的，施工单位应当履行保修义务，并对造成的损失承担赔偿责任。建筑工程在超过合理使用年限后需要继续使用的，产权所有人应当委托具有相应资质等级的勘察、设计单位进行鉴定，并根据鉴定结果采取加固、维修等措施，重新界定使用期。

国务院于2007年8月26日修订发布的《物业管理条例》，是一部以房屋及配套设施维修养护管理为主要内容的行政规章。该条例规定，物业管理应首先根据各省、市、自治区制定的物业管理区域划分办法科学地划分物业管理区域。一个物业管理区域成立一个物业管理业主委员会，与物业服务企业共同商定区域内的房屋维护管理工作。同时要求建立共用部位、共用设施设备专项维修基金，并要求各地制定物业管理区域划分办法。

3. 部委规定

为了保证装饰装修工程的质量安全，维护公共安全和公众利益，建设部于2002年3月5日发布了《住宅室内装饰装修管理办法》（建设部令第110号），规定住宅室内装饰装修必须符合工程强制性标准，禁止以下行为。

（1）未经原设计单位或具有相应资质等级的设计单位提出设计方案，自行变动建筑主体和承重结构；

（2）将没有防水要求的房间或者阳台改为卫生间、厨房；

（3）扩大承重墙上原有的门窗尺寸，拆除连接阳台的砖、钢筋混凝土墙体；

（4）损坏房屋原有节能设施，降低节能效果；

（5）其他影响建筑结构和使用安全的行为。

该办法还规定，室内装饰装修要服从物业管理，实行审批制度，实施室内装饰装修的企业必须具备相应的资质。

为了规范房屋质量缺陷的管理程序和划分标准，2004年7月20日建设部发布了修改后的《城市危险房屋管理规定》（建设部令第129号），要求危险房屋所有人、使用人向当地鉴定机构提出鉴定申请，同时决定将被鉴定的危房分为四类进行处理，即观察使用、处理使用、停止使用和整体拆除。

为了落实维修资金的管理及使用，建设部、财政部于2005年1月12日联合印发了《建设工程质量保证金管理暂行办法》，以保证建筑工程在质量缺陷责任期内出现的质量缺陷能及时得到维修。办法规定，工程质量缺陷期为竣工验收合格后的6～24个月不等，具体时间由承发包双方在合同中约定。

国务院、建设部、财政部于2008年2月1日颁布《住宅专项维修资金管理办法》，规定了商品房、售后公有住宅专项维修资金的缴存、使用、管理和监督办法，并对共用部位、共用设施设备作了明确的规定。

（二）技术标准

近年来国家还相继颁布了《建设工程施工质量验收标准》及配套规范、《建筑抗震鉴定标准》GB50023—1995、《危险房屋鉴定标准》CJ—1986、《住宅性能评定技术标准》GB／T50362—2005、《建筑结构检测技术标准》GB／T50344—2004《玻璃幕墙工程技术规范》JGJl02—2003及J280—2003、《建筑抗震设计规范》GB50011—2001等一系列与居住建筑维修相关的技术法规。有的省区还制定了相应的地方标准，如新疆制定了《新疆维吾尔自治区农村民居抗震鉴定实施细则》，为保证房屋质量和搞好维护管理提供了技术保障。

此外，国内大型房地产公司也在摸索现代化住宅小区住房运营维护的标准化管理办法，如深圳万科制定了自己内部的保养维修计划、物业管理标准等，在如何延长住房寿命、确保住房资源的可持续发展的道路上已经迈出了可喜的一步。

二、面临的主要问题

总的来看，国家对房屋建筑的质量安全管理工作非常重视，制定了一系列相关配套的法律、法规和规范、标准。其中不少法规切合各地实际，可操作性强，实施效果较好。但是，由于我国房屋建筑的维修至今尚未形成较完整的制度体系，要实现国家关于保障房屋建筑质量安全的初衷，还有许多完善和创新房屋建筑管理机制的工作要做。

（一）对公共租赁住房、廉租住房运营维护的重要性考虑不足，运营维护制度尚未建立

保障性住房大量建设是近几年的事情，因新建居多，新入住居多，反馈维修问题较少，满意度较高。但是另一方面，各地对保障性住房，特别是公共租赁住房、廉租住房后续运营中可能面临的维护问题普遍考虑不足。

目前各地的保障性住房运营管理普遍沿用现有物业管理办法。我国现有普通住房物业管理主要针对的是私人持有物业，物业公司仅对公共部分履行年度检修任务，对户内则主要根据户主报修要求进户查验，对房屋易手更换时的内装更新也不承担任何义务和责任。

公共租赁住房、廉租住房以租赁为主，政府长期持有物业，不

但住户准入、退出时需按统一标准重新核定装修情况，重作室内装修，而且地区公共租赁住房、廉租住房室内外建筑、结构、设施、设备的维护、更新、改造也要按统一的标准规范来进行。因此，公共租赁住房、廉租住房使用中的检测、养护、维修、更新，由于房屋的租赁性质，统一的业主，庞大的社会保有量，在住房运营维护阶段有着不同于普通住房的特殊性，有可能也有必要通过制度化建设，实现社会住房的最优管理与使用。

（二）相关技术标准、技术文件、资料的体系化建设尚不完善

虽然在若干建筑、结构、抗震等规范、文件中会提及后期维护问题，但是总体看，我国住房的运营维护缺乏较为系统的技术标准、文件、资料作支撑。公共租赁住房、廉租住房的运营维护虽有现有工程建设标准体系作支持，但对于住户退出、准入时的内装标准、内装更新流程与操作办法尚无具体规定，同时，也缺乏住房检测、保养、维修、更新技术的相关资料。

（三）物业管理从业人员、企业规范化管理水平参差不齐

物业管理在我国的历史较短，物业管理从业人员的技术水平、物管企业的管理水平在地区间存在着一定的差距。如何在政府补贴物业费的公共租赁住房、廉租住房中实现优质服务仍是目前保障性住房运营维护管理的焦点问题。

三、发达国家与地区公共住房运营维护体系

从公共住房发展史的角度看，第二次世界大战后，由于城市住房供给严重不足，导致政府出资大量建设，从而迎来公共住房建设高潮的情况比较多见。而在其后的漫长岁月中，各个国家由于政体、地域、经济等因素的差异而走上了各自不同的稳定发展

道路,公共住房建设开始逐渐由追求"量"转向追求"质"。但是,从 20 世纪 80～90 年代开始,随着"大量建设时期"所建住房使用寿命到期,各国又不约而同地面临着公共住房老朽等大量更新改造问题,从而引发了住房长寿命、可持续发展等讨论,坚持住房全生命周期效益最大化,强调住房使用阶段的可更换性,强调住房的维护保养,已经成为各先进国家和地区公共住房建设、管理决策者们的基本共识。

（一）中国香港

香港的现有住房的维修与管理问题比较突出,特别是在人口稠密的旧区,"老旧"和"即将老旧"的房屋约占住宅总数的 56%,更为严重的是,未来 10 年内,这些"即将老旧"的住宅也将进入"老旧"住宅的范围（图 9-1）。

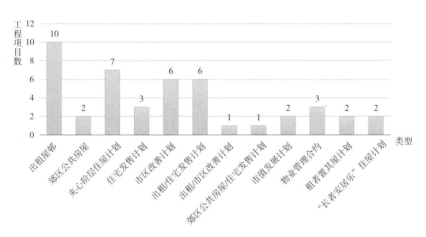

图9-1　香港房屋协会管理的既有屋邨工程项目
（管理屋邨工程项目总数：45 项）

香港公共住房的老旧问题同样不容乐观。香港政府及其行业协会在公共住房运营维护方面采取的对策和措施主要如下。

1. 夯实法规基础，规范管理房屋保养维修行为

香港房屋物业管理实行公共契约制度，属协议、合约性质，它反映楼宇、屋村各方的共同意志，由各方共同审定，共同遵守执行。另一方面，房屋条例、规划条例、建筑物条例、消防条例、公共卫生条例等管理技术法规也确保了房屋运营维护有法可依，目标明确。其中，《建筑物条例》共有条文98条，附表6份，近10万字，内容详尽，如具体规定了修缮工程撑桩、排栅和废弃工料的处理等，可操作性很强。

行业协会还出版有系列的维修实务指南、管理实务指南等，从具体的维修保养技术层面规范维护行为。

2. 日常化的定期维护制度

根据香港判例法，每一位业主都有定期维修保养和妥善管理其物业的法律责任，以保证房屋物业安全、健康和适合使用，范围包括房屋结构、墙体和设施的定期保养和维修。当业主无法确定或找寻时，由房屋的代理人或使用人先行承担责任。当多个业主共有的，承担连带责任。

香港的公共住房主要由香港住房署及住房委员会负责，日常保养与定期维护相结合。房屋署历来把维修养护作为房屋保值、增值，改善居民居住条件的有效途径。房屋署每年按照屋邨物业的维修状况、住户的意见、工程的迫切程度、需动用的人力物力，拟定一个维修及改善工程时间表，作为日常保养计划。"周全保养维修计划"是2001年实行的大型改善计划，包括"状况检查"、"专业分析"、"维修工程"、"检讨评估"四个环节，这个计划耗资24个亿，重点解决了楼龄较高的房屋质量问题。

3. 维修、诊断技术的普及与提升

为了检测老旧房屋的建筑质量，香港还采用一些先进的仪器来

检查损坏，如采用电子探测器找出下水道位置，利用闭路电视检查下水道淤塞等。同时，还通过设计竞赛、评奖、评优等活动宣传、表彰那些在公共住房维护保养方面做得比较突出的项目及其技术。

4. 专业化管理与专业人员培训

香港实行"优质保养承办商计划"提高公屋维修专业水平。房委会于2001年通过招投标和11个承办商签订合约，责令其负责一定区域内的公屋维修。通过制定"保养承办商评分制度"，收集租客意见，监督承办商的表现，对维修工人实行工作证及登记制度，建立资料库，并要求承办商逐步提高技术人员的比率，赞助工人修读建造业训练局的课程，以提高专业水平。

（二）日本

日本在公共住房可持续发展方面的探索主要体现在如下方面。

1. 普通 UR 住房的运营维护制度

UR（都市再生机构的简称）是日本公共住房的主要建设管理方，经过了近60年的实践，它积累了丰富的住房运营维护管理经验，并形成了从计划、保养、维修到改造更新的公共住房运营维护管理制度。

（1）有完善的技术标准、文件作基础

UR 住房的维护保养有专门、成套的技术手册作技术支撑，内容涵盖园林、景观小品，设备设施安装、装修更新等方方面面的内容。

（2）有完备的定期检修、保养制度

按照 UR 的规定，公团住宅根据保养部位，每隔3年小修1次，每隔5年中修1次，每隔10年大修1次，日常检修、保养已经成为制度。

（3）拥有完备的维护保养技术

2. 长期优良住宅制度

日本目前正在从流动消费型社会向储存型社会转变，强调可持续发展，强调形成长期优质的住房储备成了业界的主旋律，它的基本制度设定表现在如下几个方面：

（1）法律法规基础

2006 年颁布的《居住生活基本法》在法令、法规层面上为构建"长期优良住宅制度"提供了系列的技术支撑，关联政策包括法律、税收、预算等。

（2）延长住宅寿命，提高部品更换性的技术集成

它包括 SI 住宅体系、高性能结构体系、资源的可循环利用、3R 技术、管线综合排布体系、管道井分离外置体系等，在技术上进行了各种有益探索。

（3）体系化的认证制度

它主要指长期优良住宅认证，其中包括维修保养认定、定期检查和必要的修缮、更新等，主要是希望能够形成优良住宅的保有量。它的认证标准包括劣化标准、抗震标准、便于维护管理和更新改造、可变性、节能、无障碍等。

（4）定期检查的相关制度

对从建筑物开工建设到未来使用所制定的定期检查制度，以确保全寿命周期品优价高。

（三）新加坡

新加坡公共住房的运营维护是由市镇理事会负责的。物业管理的运作模式是物业管理公司与维修保养项目相分离，即物业管理公司通过招标或委托的方式，与市镇理事会（业主管理委员会）签约，只承担管理性业务，包括日常的监管、制定年度维修保养计划、代收维修保养费（即物业管理费）以及维修保养工作的代理招标等工作，并不承接工程业务，具体的保洁、保安、绿化维护和房屋及公共设施设备的维修保养由市镇理事会或业主委员会分别发包给那些专业公司。新加坡公共住房的后期运营维护具有如下特点（表 9-1）。

表9-1　新加坡物业管理内容

内　容	
●住宅楼维修	●电梯保养与维修
●户内水电卫生设备保养	●公共屋村旷地管理
●商业房屋（如自由市场、购物中心）的租赁管理	●出租住宅的租金交纳与售房贷款的收取
●区内停车场管理	●小区环境清洁
●园艺及绿化管理	

1. 严格的法律法规

新加坡的物业管理对室内装修、公共部分的维修保养有着严格的法律规定，同时，为了规范所居住户的维护行为，编写有《住户手册》、《住户公约》和《防火须知》等。

2. 定期维护制度

新加坡政府一般规定，外墙需 6 年重刷一次，大楼楼顶 11 年更换一次。房屋的定期维护一般是 5 年一次小修，10 年一次大修。

3. 提供优质的物业管理服务

新加坡政府对住宅小区公共设施（设备）保养维修十分重视，要求物业管理企业提供最优质的服务。如电梯维修与保养，一旦发生故障，5 分钟内电梯维修组人员就会到来；户内水电卫生设备的保养和维护，为居民提供 24 小时服务，利用维修车进行紧急处理和日常维修；公共屋村旷地的管理，新加坡高层住宅区底层一般是开敞空间，称作"楼下旷地"，这些旷地平日为老人、儿童提供活动空间，遇到居民举行葬礼、婚礼、宗教仪式等则可被租用；小区环境清洁，住宅楼内设有垃圾槽，袋装垃圾可以投入，大件垃圾要送入垃圾站。

4. 专业的维修养护服务

新加坡的住房维修保养工作由专门公司承接，与物业公司的日常管理分离，分工细致、明确，相关技术人员相对集中，可以最大化发挥各自优势。

在新加坡，由于土地资源十分紧张，房屋越建越高，设施越来越高档、齐全，设备越来越先进，物业管理的难度也越来越大，这种物业管理公司专司管理性工作，维修保养企业专业承包具体工程的专业化分工方式，正是顺应了这个发展态势，既能保证业主管理委员会选择到优秀管理公司的优秀管理人才，又能选择到优秀施工企业的优秀工程技术人员，做到聚合各种专业人员，搞好物业管理，保证管理工作严密周到、维修保养工程优质高效，还能起到节省人员开支、降低物业管理成本的作用。

通过以上论述，笔者认为我国应该在如下几方面借鉴发达国家和地区经验。

第一，它们普遍重视公共住房运营维护工作，认为房屋的维修、保养是住房生命周期的有机组成部分。

第二，它们会在事先制定规范化的维护计划，定期巡检、保养制度相对严格健全。

第三，它们的维护、保养的技术标准、文件等相对配套，具体技术操作有据可依。

第四，它们的维护、保养、诊断等相关技术完备，从规划设计阶段开始即对住房使用中的更新改造、长寿命使用等问题给予足够的关注与考虑。

四、保障性住房运营维护体系框架与体系建设措施

立足本国现况，参考国外经验，我们认为我国保障性住房运营维护体系应包括如下 3 个部分：

（1）公共租赁住房、廉租住房的运营维护制度。

（2）公共租赁住房、廉租住房的运营维护标准及相关技术文件、资料。

（3）公共租赁住房、廉租住房运营维护技术、产品的集成与准入。

目前，我国正在大力推行以公共租赁住房、廉租住房为主的保障性住房建设。随着各地公租、廉租住房建设的逐步到位，投入运营使用小区的增多，公共租赁、廉租住房小区的物业管理问题也会凸显出来，如何避免新建公共租赁、廉租住房出现"一年新、二年旧、三年破"的问题，如何通过后期良好的物业服务改善保障家庭的居住环境，提升住房品质和价值，就是当前亟待解决的问题。

（一）公共租赁住房、廉租住房维护保养制度设计与实施手段落实

我国缺乏对房屋维护、保养的制度化管理、运营的基本设计，长期以来一直"重建设，轻维护"，房屋后期维护、保养多流于形式。在保障性住房运营维护体系中，首当其冲就是要确立并加强维护、保养工作的制度化，在思想认识、资金投放、技术研发上重视住房维护、保养工作。

（1）建立运营维护计划申报制度；

（2）推行强制性定期检修制度；

（3）以市保障中心，区、街道主管部门为主体，实行巡查、巡视制度；

（4）探讨试行住房性能检测认定制度。

从计划制定、检修实施、监督检查到性能认定等各环节，确保能够将住房维护、保养工作落到实处。

（二）公共租赁住房、廉租住房运营维护相关技术标准、文件体系建设

该体系是所有保养、维护、更新工作的技术准则，是相关工作开展的技术指导。因此，建议尽快加强相关技术标准、文件的编制

工作，应包含如下内容。

（1）保养、维修的标准、办法与操作指南。

（2）更新标准、办法与操作指南。

（3）检测办法与操作指南。

由此形成保养、维护、检测、更新的规划化技术标准体系。

（三）公共租赁住房、廉租住房运营维护技术、产品集成与准入制度建设

运营维护不同于住房新建，要充分考虑新老材料、产品规格、性能的搭配与衔接，技术操作方面影响因素较多，工序也较为复杂性。因此，无法完全与新建住房技术、产品等同，应有自己的技术、产品体系，在实体技术上支撑住房维护、保养工作顺利、优质地进行。

（1）适用技术集成及适用技术准入标准。

（2）保障性住房维护、保养适用产品准入标准及优选推介产品库。

保障性住房运营维护适用性技术、产品集成可以为适用技术、产品提供一个信息快速交流、推广的平台，特别对新技术、新产品的主动、积极推介有好处。

五、小结

从政策和管理层面看，住宅的维修改造，特别是在使用过程中的维修改造尚未引起社会各个层面的足够重视，"重建设、轻维护"还是一种普遍的状态。政府及开发商习惯于推倒重来，缺少挖掘潜力的决心。无论是政府的政策，还是居住者的心理，对拿出一定的物力、人力进行住宅的维修改造，都还没有做好准备。

第 10 章　保障性住房信息管理与认证评价体系

为了实现我国经济发展方式从粗放到集约化的转变，提高经济增长方式本身的可持续性，"十二五"规划特别强调把经济结构调整作为加快转变经济发展方式的主攻方向，把保障和改善民生作为加快转变经济发展方式的根本出发点和落脚点。按计划，"十二五"期间，我国将建设各类保障性住房 3600 万套。面对如此巨大的建设规模及速度，如何保证保障性住房的建设质量，而非一味追求数量，是我国经济发展方式从粗放型向集约型转变的问题关键。在保障性住房建设中大力推广信息化服务，推行对住房部品、性能的质量认证，都是尽快解决上述问题的重要途径。

本着"加快改变经济发展方式"的规划指导思想，本章围绕如何确保我国保障性住房建设品质，参照国外公共住房评价与信息服务，构建保障性住房信息管理与认证评价体系。

一、技术支撑的现状条件

（一）信息服务

1. 国家政策

住建部在《2004-2010 年全国建筑业信息化发展规划纲要》中指出："建筑业信息化是国民经济信息化的基础之一。""运用信息技术全面提升建筑业，实现建筑业跨越式发展，提高建设行政主管部门的管理、决策和服务水平；全面提升企业管理水平和核心竞争能力；促进建筑业软件产业化。以发达国家相应行业的现有水平为背景，加快与国际先进技术接轨的步伐，使之涌现出一批具有国际水平的、现代化的建筑企业。"

2007年3月，建设部颁布《施工总承包企业特级资质标准》。《施工总承包企业特级资质标准》中明确规定，施工总承包特级资质企业要具备"企业已建立内部局域网或管理信息平台，实现了内部办公、信息发布、数据交换的网络化，已建立并开通了企业外部网站，使用了综合项目管理信息系统和人事管理系统、工程设计相关软件，实现了档案管理和设计文档管理"的先决条件，真正掀起了我国建筑企业信息化建设浪潮。

2010年6月，住建部发布《关于做好住房保障规划编制工作的通知》，其中提出："加快推进信息化建设。力争到2012年末，所有县、市健全住房保障管理机构和具体实施机构，实现住房保障业务系统全国互联互通，到2015年末，基本建立全国住房保障基础信息管理平台。"

2011年5月，住建部颁布《2011-2015年建筑业信息化发展纲要》，确立了"'十二五'期间，基本实现建筑企业信息系统的普及应用，加快建筑信息模型（BIM）、基于网络的协同工作等新技术在工程中的应用，推动信息化标准建设，促进具有自主知识产权的软件的产业化，形成一批信息技术应用达到国际先进水平的建筑企业"的总体目标，建筑行业信息化建设得到全面推广。

2. 地方政策

2008年，青岛市率先建设实施"保障性住房房地产市场信息系统"，该系统包括保障资格管理、保障政策查询、保障对象管理、保障资源管理、保障资源配售（租）管理、决策分析管理六个子系统和一个业务职能数据接口系统，将住房保障与信息化管理紧密地结合在一起。

昆明市响应住房和城乡建设部《关于做好住房保障规划编制工作的通知》的要求，将建设价格信息、收入信息、住房信息、个人信息、信用信息"五位一体"的保障性住房信息管理平台。这一平台包括保障资格管理、保障政策查询、保障对象管理、保障资源管理、保障资源配售（租）管理、决策分析管理、个人信用档案等20个子系统。

重庆市的保障性住房建设以公共租赁住房为主，重庆市政府计划将公共租赁住房的信息化管理分为两步来抓：通过公共租赁住房信息化一期建设，建成覆盖重庆市主城区24个申请点（初审点）的公共租赁住房管理网络平台，完成重庆市公共租赁住房信息网站的建设（绿网），利用互联网平台实现公共租赁住房相关信息对社会公众的发布，依托重庆市国土资源和房屋管理局的行业管理机房，建立重庆市公共租赁住房数据管理中心，为公共租赁住房各类数据的存储和系统的运行提供硬件平台，完成重庆市公共租赁住房申请审核信息系统的建设，实现了公共租赁住房申请、审核、摇号全过程的信息化。二期建设拟建立与其他市级部门动态进行数据交换的数据共享平台，建立公共租赁住房管理业务系统，实现公共租赁住房后期管理的信息化。

（二）认证、评价

经过改革开放以来30多年的建设，我国住宅建设从原来通过"数量"增长来满足居民的居住需求，逐步转向对于住宅质量的关注，初步建成了包括部品认证、性能认证、绿色建筑评价标识在内的住宅性能评价体系。

1. 部品认证

国办发［1999］72号文《关于推进住宅产业现代化提高住宅质

量的若干意见》中明确了建立住宅部品体系是推进住宅产业化的重要保证的指导思想，同时也提出了建立住宅部品体系的具体工作目标："到 2005 年，初步建立住宅及材料、部品的工业化和标准化生产体系；到 2010 年，初步形成系列的住宅建筑体系，基本实现住宅部品通用化和生产、供应的社会化"。

适应住宅建设，尤其是大力推进保障房建设的需要，我国将积极推进住宅部品认证制度，以提升住宅建设的生产效率和工程质量。当前市场上的住宅部品质量良莠不齐，假冒伪劣产品大量存在，将通过推行住宅部品认证制度，建立住宅部品的优胜劣汰机制，提高工程建设质量，在规范市场秩序的同时，引导企业向标准化、产业化方向发展。

住宅部品认证是住房和城乡建设部住宅示范项目——国家康居住宅示范工程项目达标验收考核的重要指标之一（图10-1）。为了积极推进住宅部品认证制度，适应住宅建设，尤其是大力推进保障性住房建设工作的需要，住房和城乡建设部住宅产业化促进中心将进一步加强与生产企业、行业主管部门、开发建设单位的联系沟通，将最先进、最优秀、最高品质的部门和产品输送到建设项目当中，从而提升住宅建设的生产效率和工程建设质量，满足市场需求。

图10-1　康居认证标识

康居认证目前覆盖了 27 个门类。一方面，从制度上形成了认证体制；另一方面，以第三方认证的独立形式，让住房消费的质量保障更具透明度。此外，在招投标制度下进行保障房的批量化采购，也可为老百姓提供更多安居房。

2011 年 9 月由住建部住宅产业化促进中心组织建立了保障性住房建设材料、部品采购信息平台（以下简称平台）。平台旨在为保障性住房建设提供性价比优良的部品和材料，推广应用符合节能环保要求的新技术、新材料、新工艺、新方法，提高保障性住房的建设质量和性能。保障性住房建设材料、部品采购信息平台的部品部件和材料供应企业将覆盖住宅生产建设和装饰装修过程中所需全部设备、材料、部品和技术。值得注意的是，入库企业部品部件和材料必须具有国家级认证机构颁发的产品认证书，采购价格必须优于市场价，必须具有售后服务承诺等条件。建立统一的采购平台，能够实现保障房建设的标准化，也能让产品价格公正公开。

2. 性能认证

商品住宅性能认定是指按照国家发布的商品住宅性能认定评定方法和统一的认定程序，由评审委员会对商品住宅的综合质量进行评审和认定，授予相应的级别证书和认定标志。性能认定将住宅的综合质量，即工程质量、功能质量和环境质量等诸多因素归纳为 5 个方面来评审：适用性能、安全性能、耐久性能、环境性能和经济性能，其中又细分为 23 项 380 余条内容，是一个科学、完整、全面和公正的住宅性能评价指标体系。性能的住宅的评审结果分为三个等级，由低至高依次为 1A、2A、3A，标志为 A、AA、AAA。1A 级性能的住宅是面向中、低收入家庭的经济适用型住宅；2A 级性能的住宅是面向中、高收入家庭的商品住宅；3A 级住宅则是提供给高收入家庭的功能齐全、舒适度高的商品住宅。得到性能认定标志的住宅是在这一档次中性能品质优良的住宅。

我国住宅性能认定工作始于 1999 年，已初步建立了分为 3 个等级的 A 级住宅性能认定制度，制定了定性与定量相结合的认定指标体系，以 5 个方面（适用、安全、耐久、环境、经济）23 个项目（AAA 级）进行综合认定。

作为住宅性能认证主要的技术支撑，《住宅性能评定技术标准》GB/T 50362—2005 已于 2006 年 3 月 1 日正式实施（图 10-2）。该标准是住建部住宅产业化促进中心根据"小康型城乡住宅

图10-2　住宅性能评定技术标准

科技产业工程"科研成果，对房地产住宅进行综合评定的一份公正、公信的技术标准。该标准把住宅性能分为适用性能、环境性能、经济性能、安全性能及耐久性能五大体系，又细化到 28 个项目 98 个分项 267 个具体指标。 标准根据综合性能的高低将住宅分为 A、B 两个级别，A 级住宅执行现行国家标准且性能良好，B 级住宅执行现行国家强制性标准，但性能达不到 A 级标准，而 A 级住宅又从低到高分为 1A、2A、3A 三等。

《住宅性能评定技术标准》对于适用性能的评定体现在单元平面、住宅套型、建筑装修、隔声性能、设备设施及无障碍设施六大项目上，对环境性能的评定体现在用地规划、建筑造型、绿地与活动场地、室外噪声与空气污染、水体与排水系统、公共服务设施、智能化系统七个项目上，对于经济性能的评定则简单而直接，为节能、节水、节地、节材四个项目，安全性能是住宅产品的重头戏，结构安全、建筑防火、燃气及电气设备安全、日常安全防范措施及室内污染物控制五个项目很好地保障了安全性能。同样，结构工程、装修工程、

图10-3 绿色建筑评价标准

防水工程与防潮措施、管线工程、设备、门窗六大项目可使耐久性能得到最大的保障。这些项目以及细化的指标，合计1000分，对住宅产品进行了量化的界定，使得产品优劣一目了然，高下立判，其中最高等级的3A级标准住宅则无疑代表了中国住宅的顶尖水平。

3. 绿色建筑评价标识

2006年6月1日，建设部出台了《绿色建筑评价标准》GB/T 50378，第一次为"绿色建筑"贴上了标签。该标准是我国第一部从住宅和公共建筑全寿命周期出发，多目标、多层次地对绿色建筑进行综合性评价的推荐性国家标准（图10-3）。在《绿色建筑评价标准》中，绿色建筑的定义为在建筑的全寿命周期内，最大限度地节约资源（节能、节地、节水、节材），保护环境和减少污染，为人们提供健康、适用和高效的使用空间，与自然和谐共生的建筑。绿色建筑评价体系共有六类指标，分别划分为中国绿色建筑三星、二星和一星。

2007年8月，建设部又出台了《绿色建筑评价技术细则（试行）》和《绿色建筑评价标识管理办法》（以下简称管理办法），填补了中国绿色建筑评价工作的空白，使中国告别了以国外标准来评价国内建筑的历史。

为进一步加强和规范绿色建筑评价工作，引导绿色建筑健康发展，2008年4月，由住房和城乡建设部科技发展促进中心绿色建筑评价标识管理办公室负责筹建的绿色建筑评价标识专家委员会在北京正式成立。该专委会下设规划与建筑、结构、暖通、给排水、建材、电气、建筑物管理七个专业组。以该专委会为基础，绿色建筑评价标识管理办公室主要负责全国绿色建筑评价标识的日常管理工作。

2008年，绿建办修订了《绿色建筑评价标识实施细则》（以下简称《实施细则》），组织编制了《绿色建筑评价技术细则补充说明（规划设计部分）》，制定了《绿色建筑评价标识使用规定》，成立了绿色建筑评价标识专家委员会，并进一步完善了绿色建筑设计评价标识的申报评价程序。《实施细则》明确将绿色建筑评价标识分为"绿色建筑设计评价标识"和"绿色建筑评价标识"，分别用于规划设计阶段和运行使用阶段的住宅建筑和公共建筑。

我国绿色建筑评价体系框架基本确立。《绿色建筑评价标准》为中国未来建筑设计设定了一个统一的、标准的指标。

（三）研究、实验检测

除包括部品认证、性能认证、绿色建筑评价标识在内的住宅性能评价体系外，在"十一五"（2006～2010年）、"十二五"（2011～2015年）期间国家加大了科技研发的投入，以提高技术水平，抢占新兴战略性产业制高点。其中众多课题是针对住宅建设的。如在国家科技支撑计划项目中，"十一五"期间，住房和城乡建设领域承担了"城镇人居环境改善与保障关键技术研究"、"建筑节能关键技术研究与示范"、"建筑业信息化关键技术研究与应用"、"可再生能源与建筑集成技术研究与示范"等共27个项目。

依托各大高校及科研单位的丰富的教育及研究资源，建立与住宅相关的研究机构及课题组，对保障性住宅的各个方面进行研究，如同济大学承担的国家自然科学基金项目"基于实验观测的紧凑型住房空间尺寸研究"，中国建筑标准设计研究院承担的"公共租赁住房建设标准研究"，中国城市科学研究会住房政策和市场调控研究专业委员会承担的"保障性住房技术政策研究"、"小户大家可行性研究"、"房地产健康指数研究"等。

（四）交流平台与技术培训

"中国国际住宅产业博览会"（以下简称"住博会"）、2011年中国宁波国际住宅产品博览会等博览会的召开展示了保障性住房建设最新的发展方向，为保障性住房的部品采购、施工建设等方面的交流提供了一个平台（图10-4）。

（a）第8届中国广州国际住宅产业博览会　　（b）第17届中国宁波国际住宅产品博览会

图10-4　第十届中国国际住宅产业博览会

为加快保障性安居工程建设，确保完成未来五年的3600万套保障房的建设任务，"住博会"特开设了"保障性住房建筑部品展示专区"，对展示专区的企业技术和产品进行有针对性的推广及宣传，并推出了名为"明日之家2011"的保障性住房样板房。展示区内容包括建筑结构、节能门窗、外墙保温、太阳能、浅层地能、室内新风、室内制冷制热、厨卫与室内装修部品、工业化住宅产品、住宅垃圾处理、住宅节水、住宅智能化等领域的重点推广技术和产品等。"明日之家2011"则通过标准化设计、装配化建造，来展示具有高科技和高舒适度的保障性住房样板。上述活动极大地促进了保障性住房建设，对施工和材料采购的科学化起到了良好的引导和示范效应。

由于保障性住房建设涉及领域较广，在培养人才方面，如土木学会培训中心等以学会为依托的培训中心，中国建筑设计研究院培训中心等以企业为依托的培训中心以及同济大学建筑城规学院培训中心等以高校为依托的培训中心，为众多保障性住房相关领域的人才提供培训之余，也为其交流提供了良好的契机。

二、面临的主要问题

总的来说，国家对住宅建设的质量监督工作非常重视，而与住房品质息息相关的认证评价体系，经过10多年的建设，大体框架基本形成，有关住房材料、产品的科研工作也在积极展开。针对保障性住房领域，在如下几个方面仍存在一定的不足。

（一）信息服务

从全国范围看，各地的保障性住房信息化建设尚有一定滞后现象，各地因经济发展水平的不同，信息化平台包括的项目内容、实用性、可操作性均存在一定的差别，地区与地区之间尚不能形成有效的信息共享。

（二）认证、评价

我国目前建立有部品、性能、绿色住宅认证评价体系，但主要针对普通商品住房，与住房面积紧凑的公租、廉租等以租赁为主的保障性住房建设要求存在一定的差距。

三、发达国家和地区公共住房信息管理与认证评价体系

（一）信息服务

1. 中国香港

在房屋养护维修工程中，香港房屋委员会推行"电子化计划"

管理公共住房，广泛采用电子计算机储存和分析资料，如统计产业资料，监督工程的进度、费用管理和统计、维修设计、工程项目施工顺序、物资管理和预防性保养工程施工的日期，并发出指示。

2. 日本

UR（日本都市再生机构）在公团住宅的日常运营维护管理中，利用大量计算机技术，对承租家庭个人信息、住房信息实施电子化情报管理。

UR 在开展长期优良住宅事业中，更是重视对住宅建设过程中的各类信息的保存和整理，如以往采用的材料、采取的技术措施、图纸资料等。这些数据的完整保存可以确保以后的维护、改造工作有据可查。

（二）认证、评价

1. 整体性能认证

日本政府在二战后大约 20 年的时间里，通过多项措施解决了住宅数量问题，此后便开始着重解决住宅的质量及居住舒适度问题。日本于 1978 年开始在工业化住宅中推行性能认定，叫作住宅性能表示制度，主要目的是推进和实施住宅生产工业化政策，以提供大量质优价廉的住宅，其后又逐步扩大到所有新建住宅和既有住宅，并在 1999 年制定了《住宅品质确保促进法》加以保障。

《住宅品质确保促进法》中第 88 条和《日本民法典》规定，新建住宅的卖主对住宅负有 10 年的性能保证责任，这是强制性的。《住宅品质确保促进法》第 90 条规定，在新建住宅承包合同或新建住宅的买卖合同中，卖主对于瑕疵及其他住宅隐藏瑕疵也可以设定 20 年以内的保证责任，这是约定性的。日本住宅性能保证制度是确保住宅质量和性能的一种运作机制，从法律上规定了开发商必须对住宅质量提供 10 年长期保证，当住宅出现保证书中列明的质量问题时，可通过保险机制保证消费者权益，从而消除消费者对住宅质量和性能的不信任感，有利于消费者放心购房。

日本住宅性能表示制度是自愿认定的，并不是义务的制度，是根据日本国土交通省制定的住宅性能表示要求，由第三方机构进行评价，由购房者、住宅开发者、销售者任意选择的。日本建设大臣将客观实施评价的第三方机构指定为"指定住宅性能评价机构"。指定住宅性能评价机构依据申请书，根据评价基准对住宅进行评价。评价结果以住宅性能评价书的形式交付。

按照日本住宅性能表示基准，性能表示事项有 29 项。此性能表示事项分为下述 9 个领域：结构安全性，防火安全性，耐久性能，日常维护管理，保温隔热性能，空气环境性能，采光、照明性能，隔声性能，高龄者生活对应性能。日本的住宅性能表示事项用等级和数值来表示。等级设定为数值越高，性能越高。但是性能高并不是对所有居住者都最适宜，应当根据个人的生活方式、工程费、地区气候、风土、设计和使用的方便性以及基准中没有指定的个别款项等，进行综合考虑，选择最适合的性能组合。如果不充分考虑内容，一味追求和选择等级高和数值好的住宅，未必合适。

目前，日本的住宅性能表示制度在社会中得到了广泛的认可和重视。日本从 2000 年起开始进行住宅性能评价工作，据不完全统计，目前日本新建住宅有 30% ~ 40% 进行了性能认定工作，现在日本又开始对既有住宅进行性能认定，为既有住宅的流通提供了技术依据，从根本上维护了消费者的权益，对提高住宅性能、政府进行引导起到了积极的作用。

2. 专项认证

（1）美国

美国能源及环境设计先导计划（LEED，Leadership in Energy

and Environmental Design）是一个评价绿色建筑的工具。宗旨是：在设计中有效地减少对环境和住户的负面影响。目的是：规范一个完整、准确的绿色建筑概念，防止建筑的滥绿色化。LEED 由美国绿色建筑协会建立并于 2003 年开始推行，在美国部分州和一些国家已被列为法定强制标准。LEED 评估体系由五大方面的若干指标构成其技术框架，主要从可持续建筑场址、水资源利用、建筑节能与大气、资源与材料、室内空气质量几个方面对建筑进行综合考察，评判其对环境的影响，并根据每个方面的指标进行打分，综合得分结果，将通过评估的建筑分为白金、金、银和认证级别，以反映建筑的绿色水平。LEED 的评价指标包括：可持续的场地规划、保护和节约水资源、高效的能源利用和可更新能源的利用、材料和资源问题、室内环境质量（图 10-5）。

图10-5　美国LEED评估标识

（2）英国

英国建筑研究院环境评价法（BREEAM）是由英国建筑研究院发布的世界首部绿色建筑评估体系（Building Research Establishment Environmental Assessment Method, BREEAM）。它发布于 1990 年。其内容是对英国既有及新建建筑进行包括运营管理、能源使用、建材、水、土地利用、污染等九大部分的评估及指导，旨在让建筑在品质、安全性、内部舒适性及能耗、碳排放等方面取得平衡，减少建筑对地区和全球环境的负面影响（图 10-6）。

图10-6　英国BREEAM评价标识

初版的 BREEAM 是用来评估办公建筑环境的，之后又衍生出商业版（"1991 新建超市及购物中心"）、工业版（"1993 新建工业建筑"）、学校版、住宅版（"1995 新建住宅"）、监狱版、医院版、生态住宅版（"Ecohome"，与英格兰民政部及各地方政府合作编制，用作英格兰可持续住宅建设的规范）、定制版（对不能划归为既有分类的建筑量身定做评估体系）以及国际版等总计 15 种版本，并每年更新，以达到能应对工程技术发展及相关环境立法变化，从而保持其作为绿色建筑评估体系领头者的地位。

BREEAM'98 是为建筑所有者、设计者和使用者设计的评价体系，以评判建筑在其整个寿命周期中，即从建筑设计开始阶段的选址、设计、施工、使用直至最终报废拆除的所有阶段的环境性能，通过对一系列的环境问题，如建筑对全球、区域、场地和室内环境的影响等进行评价，BREEAM 最终给予建筑环境标志认证。

BREEAM 评价方法概括如下。

首先，BREEAM 认为根据建筑项目所处阶段的不同，评价的内容相应也不同。评估的内容包括 3 个方面：建筑性能、设计建造和运行管理，这其中对处于设计阶段、新建成和整修建成阶段的建筑，从建筑性能、设计建造两方面进行评价，并计算 BREEAM 等级和环境性能指数；对使用中的既有建筑，或评估中的环境管理项目，则从建筑性能、运行管理两方面进行评价，并计算 BREEAM 等级和环境性能指数；对闲置中的既有建筑，或仅对结构和设施进行评估的建筑，则对建筑性能进行评价，计算环境性能指数，但无需计算 BREEAM 等级。

其次，BREEAM 评价包括九大条目：管理——总体政策和法规；健康和舒适——室内和室外环境；能源——能耗和 CO_2 排放；运输——场地规划和运输时 CO_2 的排放；水——消耗和渗漏问题；原材料——原料选择及对环境的作用；土地使用——绿地和裸土的使用；地区生态——场地的生态价值；污染——（除 CO_2 外的）空气和水污染。上述每一评价条目下细分若干子条目，分别对应不同的得分点，依次针对建筑性能、设计建造、运行管理 3 个方面，对建筑进行评价，满足了条目要求即可得到相应的分数。

最后，计算建筑性能的得分点，得出建筑性能分（BPS）；分别计算设计建造、运行管理得分点，得出设计建造分、运行管理分；然后依据建筑用处及已使用年限，计算"BPS+ 设计建造分"或"BPS+ 运行管理分"；最终得出 BREEAM 等级的总分。另外，依据 BPS 值，按照换算表换算出建筑的环境性能指数（EPI）。最终，建筑的环境性能最后是量化分数给出的，根据分值，BREEAM 评价结果分 4 个等级：合格、良好、优良、优异，同时每个等级下还规定了设计建造、管理运行的最低分值。

自 1990 年实施以来，BREEAM 系统不断地完善和扩展，可操作性大大提高，基本适应了市场化的要求，至 2000 年，进行评估的建筑项目超过 500 个。受其启发，加拿大和澳大利亚制定了各自的 BREEAM 系统，中国香港特区政府也颁布了类似的 HK-BEAM 评价系统。

3. 部品认证

日本优良住宅部品认定事业（BL 部品认定事业）是指由日本第三方公立机关按照一定的认定基准，对相应的住宅产品规格、性能、生产管理、施工要求等进行评价，将符合认定基准要求的产品认定为优良住宅部品，并以贴标销售、媒体宣传等方式向社会公示推广（图10-7）。

图10-7　日本优良住宅评定标识

（1）BL 部品认定事业的

日本在二战后出现了严重的城市住房短缺问题。1955 年，日本成立了日本住宅公团，由此拉开了战后最大规模的住宅团地开发的帷幕。与房地产开发相伴随，同期，建筑材料的制造、加工技术也得到了迅猛的发展。

20 世纪 50 年代末，东京成功申办 1964 年夏季奥运会，引发了空前的城市建设高潮，劳动力短缺，建材价格暴涨，原来以劳动力密集型为特征的住宅建设方式也不得不在新背景下寻求改变和突破，住宅产业化由理论走向了实践。随着产业化高潮的来临，住宅生产开始快速地向部品化、制品化方向发展，新品开发异常活跃。在这一时期，出现了铝合金窗、内饰板材、防水盘、隔断式家具等众多新型住宅产品。

自 70 年代初期开始，日本住宅部品开发向大型化、单元化发展，出现了整体浴室、整体厨房等，住宅生产的规格化达到了一个高峰。

　　与我国一样，战后日本在大量建设住房的同时，也出现了技术工人缺乏、建设质量参差不齐等问题。作为破解困局的手段之一，日本政府开始大力推动日本住宅工业化的发展，并于1960年建立了公营住宅制度，即在公营住宅建造中推广采用工业化生产的规格部件。1966年日本建设省发表的"住宅建设工业化的基本设想"中，重点指出："为了强有力地推动住宅建设工业化，有必要进行建筑材料和部品的工业化生产，使施工现场的作业转移到工厂中，以提高生产效率"。此后在日本出现了住宅部品。1973年日本建设省组建了"住宅部品开发中心"（1986年更名为住宅部品认定中心），并制定了"优良住宅部品"（BL部品）审定制度。日本政府希望通过认定，控制住宅部品的选用方向，为新产品、新技术的推广提供一个半官方的、公立的品质信用证明，起到促进建筑质量提高的积极作用。1987年，在此基础上，日本建设省正式批准为"优良住宅部品（BL部品）认定制度"。至今，日本BL认证中心已完成了58类部品的认定工作。

　　日本"优良住宅部品认定事业"的具体认定工作由财团法人——日本住宅部品开发研究中心负责。1974年，住宅部品研究中心认定通过了第一批优良住宅部品。

　　1987年，日本建设省停止由官方推行"优良住宅部品认定事业"，改由财团法人身份的住宅部品开发研究中心主办，优良住宅部品认定由"官办民协"彻底转变为"民间自主开展"（图10-8）。翌年，日本住宅部品开发研究中心也正式更名为"财团法人BetterLiving"，简称BL。

　　（2）BL部品的认定程序

　　BL部品认定分为初次申请的新规认定与5年[①]后的认定更新（图10-9）。

---

① 按规定，BL部品认定的有效期限为：认定结果交付之日至第5个结算年度末。日本的结算年度计算一般为每年的4月1日至次年的3月31日。

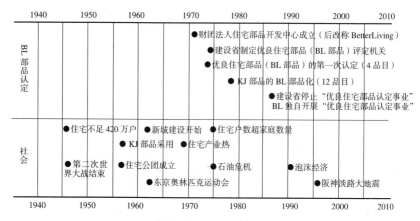

图10-8 日本社会与部品认定的发展

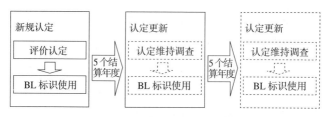

图10-9 BL部品认定的基本程序

优良住宅部品认定中心每年至少认定两批部品。新规认定时，接受认定的生产厂家需向"住宅部品认定中心"（BL）提出认定申请，资料包括申请书、设计图纸、产品说明，并要提交企业概要、设计说明、试验报告、生产销售体系和售后服务体系等相关书面资料。同时，将产品抽样送往BL在筑波设立的"性能检测室"进行检验。BL中心依据认定基准对部品的5个方面进行审查，包括形状、材质、色彩适宜；安全性、耐久性、适用性优良；施工安装的方便程度；价格的合理性；供给是否适宜可靠。同时，派人到工厂进行调查，了解生产过程中的质量保证是否健全。

申请资料经由BL组织专家组进行讨论，确认它们确实符合相关 BL 认定基准的要求后,由 BL 理事长认定该部品为优良住宅部品,并由他向申请厂家交付标示有认定结果及部品主要规格、功效的"BL 部品认定证书"和"性能表示证书"。

每种部品品目的认定程序与认定评价都必须有自己的认定基准与评价基准作为依据。一个新规认定一般按照是否首先需要先确立该品目的认定基准与评价基准,而在认定流程所需时间上有所不同,一般需要 3~6 个月的时间。每个申请的具体评价与评价组织工作一般由 1 名评价员和 2~3 名事务性人员负责(图 10-10)。

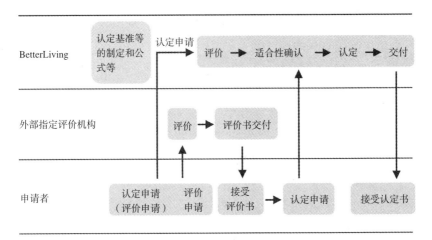

图10-10　评价认定的程序

BL 部品的认定有效期为 5 年,厂家如需维持该部品的认定资格,必须申请认定更新,一旦被认定为 BL 部品,产品名称、规格、性能等有任何变动,厂家都要随时进行认定变更。同时,在 5 年有效期内,BL 还会对认定部品进行 1~2 次现场回访,以保证产品的性能品质、生产销售、售后服务等确实与申请资料相符合。

（3）BL 标识与 BL 部品的保险制度

获得 BL 认定的部品，其售后服务期限为 10 年，并一律由 BL 中心为制造厂家购买 BL 保险。保险包括质量保证责任保险和赔偿责任保险。质量保证责任保险为 BL 部品因设计、制造等产生的缺陷所付的修理费用，赔偿责任保险为因 BL 部品所造成的人身安全或物体损害所付的保险金。同时，日本住宅金融公库会对优良住宅部品保险金提供贷款优惠。

BL 部品在出厂销售时必须贴附 BL 标识。标识为有偿使用，厂家在通过认定后，按照出厂量，与 BL 签订 BL 标识使用合同，购买相应数量的 BL 标识。

每枚 BL 标识的使用费内均附带保险[①]。在产品安装、使用过程中，一旦由于部品自身的设计、生产原因造成人或物的损伤，厂家可依据 BL 标识使用合同的约定，申请 BL 部品的保险理赔（图 10-11）。

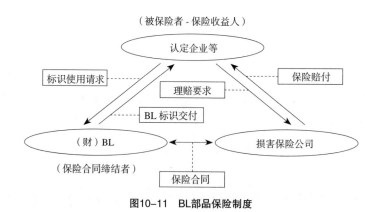

图10-11　BL部品保险制度

---

① BL 部品保险包括如下 2 种：
"BL 部品保证责任险"：BL 部品因自身问题出现瑕疵、缺陷等，需无偿修理，其修理费用可由本保险来赔付。
"BL 部品赔偿责任险"：因 BL 部品的瑕疵、缺陷而引起消费者等第三方的身体、财物的损害时，其损害赔偿金可沿用本保险来支付。

BL 虽然也要求申请厂家具有一定的售后服务能力，包括修理、退换、赔偿等，但 BL 部品保险制度作为一种补充与双保险，一方面可以防止厂家因自身售后服务能力不足，造成消费者的索赔无门，另一方面也可以保证厂家不会因庞大的理赔费用而影响正常的扩大再生产。

迄今为止，累计已发生 BL 部品保险理赔事故 105 起，理赔金额达到总投保费用的约 6 成左右，BL 部品保险制度的保障功能确实发挥了作用。

（4）BL 部品的认定基准

BL 部品的认定要依据相应的评价和认定基准。BL 部品可分为一般型和自由提案型 BL 部品，其中前者为已有既成评价、认定基准的品目，可由 BL 工作人员直接依据相关基准进行评价、认定，后者则为无现成基准，需在认定前组织各方专业人士进行编制，一旦新的认定基准固定下来，自由提案型部品就会转化为一般型部品，因此，BL 部品认定是一个开放的系统。

BL 认定基准包括：认定基准、评价基准、试验方法。制定基准的法规依据主要是"日本建筑基本法"、"住宅品质确保促进法"和"日本工业标准"（JIS）。

认定基准、评价基准的构成基本相同，包括总则、性能要求两个部分（图 10-12）。

认定基准和评价基准的构成虽基本相同，但条文的规定深度不同，两者间是导则和细则的关系。以"整体浴室"为例，在"浴室照度"一项，认定基准仅规定"浴室内应具有合适的照度"，而评价基准则规定"浴室内 5 个特定检测点的平均照度要在 75lx 以上"，并需提供满足"试验：BLT BU-01（照度试验）"要求的试验报告。[1]

---

① 来源：（一般财团法人）优良建筑 . 整体浴室 .BL 认定基准 .http://www.cbl.or.jpblsys/lblnintei/kijyun.html.

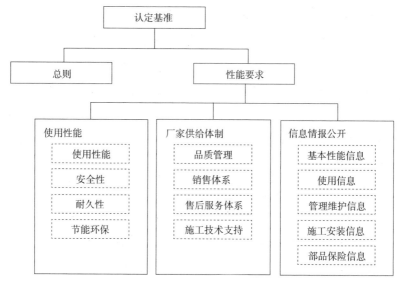

图10-12 认定基准的构成

（5）对 BL 部品认定事业的评价

1974 年，住宅部品研究中心认定通过了第一批优良住宅部品，认定品目仅 4 个；目前优良住宅部品（后简称为 BL 部品）的品目已达 53 个，其中一般型 BL 部品 46 个，自由提案型 BL 部品 7 个，累计认定件数达 999 件，BL 部品认定事业的快速发展以及在住宅产业中日趋重要的地位有目共睹。

日本政府通过推行优良住宅部品认定制度，大大推动了日本建筑与住宅的工业化水平的提高，有效地促进了住宅部品体系的建立以及建筑材料与制品的更新换代。

但是，与 20 世纪 90 年代的高潮相比，2000 年以后，申请认定的产品数量、部品品目等都有很大的下降。以 BL 标识的发布情况为例，1997 年的全年发布金额约为 12 亿日元，至 2007 年，则降为 9 亿左右，并且仍呈下降趋势。

造成这种情况的原因是多方面的。BL部品认定事业推广之初，在制定部品的认定基准、评价基准时，吸收采纳了"日本工业标准"（JIS）等行业标准中的高限要求，认定标准虽相对苛刻，但通过认定的部品却因品质优良，在市场上赢得了较好的口碑。BL部品认定的认定基准、评价基准也一度成为各产品生产厂家衡量自身产品性能、进行产品升级换代的目标性标准。

但是，近年来，由于BL认定基准、评价基准更新滞后，认定部品的性能与未进行认定的产品之间无很大的差别，BL部品不再占据行业领军地位，从而导致BL部品市场竞争力下降，BL认定业务量大幅萎缩。

此外，贴附BL标识销售的单一产品推广方式在如今激烈的市场竞争中也略显消极。BL目前也在尝试通过举办讲座、印发广告、媒体发布等多种宣传手段以及增加认定部品的投诉、咨询窗口等方式，来配合推广认定部品。

BL部品认定事业自20世纪70年代起步至今，已经在认定程序、认定标准、推广办法等方面形成了一套较为系统、严谨的认定体系，在新产品、新技术推广方面发挥了巨大的作用。但是，近年来由于BL认定基准陈旧、推广方式单一等问题，造成了BL认定部品的市场竞争力的下降，BL部品认定事业从内容到形式等各个方面都还有待进一步改善。

日本的成功经验证明，建立住宅部品认定制度是促进和推动住宅部品体系化发展的有效措施。部品认定自2000年左右引入中国，虽经多年推广，但目前仍处于摸索、完善阶段。因此，建立健全一套适合我国国情的住宅部品体系以及科学规范的部品认定机制对推动我国住宅产业的发展是十分必要的。

（三）科研、开发支撑

为保证高质量的住宅建设，各国在科研上投入巨大，并重视技术转移，促进研究开发成果的实际应用，以较少的投入提高整个行业的水平，如日、美等国非常重视将技术从官方转向民间，从大学、研究所转向企业，从大企业转向中、小企业。各国技术成果转化包括委托开发、推荐开发、技术转让、企业内部研究与开发的衔接等多种方式。

四、保障性住房信息管理与认证评价体系框架与体系建设措施

立足于我国的技术支撑条件，参考国外经验，我国的保障性住房信息管理与认证评价体系框架应包括：保障性住房、保障家庭的信息化管理平台；保障性住房认证及评价，共两个部分。

与我国保障性住房评价等技术服务体系框架的各个部分相对应，其关键性课题与采取的主要措施主要包括以下2个方面。

（一）保障性住房、保障家庭的信息化管理

1. 管理对象

信息化管理平台应包括对住房和居住者两个方面的管理。

（1）住房全寿命周期信息化管理（设计数据、建设法规工程档案、物业管理、维修保养管理等）。具体应包括建设、运营维护、更新改造、拆除重建等住宅全生命周期的基本信息，如格局、材料/设备使用、拆除变更等变化情况，以把握住房从建设起始，至拆除重建的整个过程的信息，通过适时的设计、施工、保养、维修，保障住房品质，延长住房寿命。

（2）保障家庭信息化管理（家庭信息、收入信息、居住住房信息等）。

2. 支撑框架

统一各地保障性住房信息管理系统的管理制度，明确信息化平

台信息采集内容，规范信息化管理行为，是当前建设"保障性住房、保障家庭信息化平台"的具体工作内容。

（1）保障性住房、保障家庭信息化平台管理办法；

（2）保障性住房、保障家庭信息化平台设计标准、信息采集标准；

（3）保障性住房、保障家庭信息化平台运行操作规程。

（二）确立适用的认证、评价体系

针对我国保障性住房的发展现状及住宅性能认证领域的发展基础及存在的问题，确立适宜于我国现状的保障性住房适用性认证、评价体系。其主要认证、评优（或竞赛）两个方面。

具体的认证评价包括针对保障性住房的产品认证，性能认证、单项认证及施工质量认证（瑕疵担保）等三个方面。各类评优包括设计竞赛、施工评比、运营维护评优等方面，具体措施如下。

（1）制定认定、评奖的标准与操作规程、规范，指导地方开展工作；

（2）推行保障性住房建设准入制度（认证评价制度），鼓励行业协会、企业开展认证服务，鼓励地方参照国家标准，根据各地情况开展工作（分支，如地方标准化协会编制地方标准）。

（三）加大科研投入，鼓励高校、企业参与

针对我国科研成果与实际脱节、科研成果转换效率较低的现状，除建立适用性认证、评价体系外，应进一步加大科研投入力度，鼓励以高校为代表的科研机构与企业的紧密结合，保证科研成果的转化，加快新型产品的市场化应用，其具体措施可归纳为以下几点。

（1）加大对基础类研究的投入，强化数据研究基础；

（2）加大应用类科研投入，形成应用类科研校企联合制；

（3）建立科研成果的验收、评审制度。

五、小结

为保证保障性住房的建设质量，保障性住房评价等技术服务体系建设极为重要。通过评价体系的建立，形成保障性住房建设质量监督机制，既是保障性住房质量标准的保障，同时也是住房建设相关技术提升的平台，以保障性住房建设为住房评价等技术服务体系发展的契机，推动新型材料、产品在保障性住房建设中的运用，进一步提升保障性住房的居住品质。

第11章　上海市保障性住房建设技术支撑体系

从住房建设、运营、改造，即住宅建筑全生命周期支撑技术的角度来看，在该过程中涉及的技术问题不但跨越建筑物寿命的各个阶段，而且从每个横断面上还关系到技术以及技术管理的各个方面，横跨建筑、装修、结构、设备、电气（强弱电）、建筑经济、建筑管理等多专业、多性质、多领域，更何况各专业、领域等还分别有标准、文件、标准图等不同等级、深度、严格程度的技术要求。因此，保障性住房技术支撑应是一个全面、立体的复杂体系。

一般对任何民用建筑类型来说，其技术支撑严格地讲都应是一个立体体系，只不过由于保障性住房的民生、经济上的特殊性，而在技术标准制定上需统筹兼顾，并且，在制度化、规范化方面要求要强于其他一般民用建筑类型。

通常来讲，国家、地方标准、规范一般规定的是"最低"标准、要求"应"，以及在此基础上适度地推荐"宜"。由于我国幅员辽阔，气候特征、地理条件、经济发展、区域社会居住生活习惯等均存在较大差别，因此，编制全国性技术标准，其平衡难度较大。往往需要地方政府依据中央政策精神，做进一步的各种配套落实、补充，以便更加适应本地区情况。

本章基于前文对保障性住房技术支撑体系的梳理结果，对应于上海市政府、上海市相关行政主管部门相应配套发表或正在执行的各项保障性住房技术标准、技术文件等，以上海市情况为例，探讨上海地区保障性住房建设技术支撑体系的构建状况，为进一步完善、健全上海市保障性住房建设监管提供重要的理论性论证。

一、研究准备

上海市地处我国东、中部地区，是中国最早出现近代民族工业，最早孕育并开启中国近代工业革命地区；也是目前我国经济发展最为活跃、城镇化水平最高、人口聚集最为密集的地区。从新中国成立开始，上海地区的居民住房问题就是直接影响当地"国计民生"的"大事"，或限制，或推动着整个区域的经济发展。因而，在我国开展、深化住房供给制度改革时，上海地区一直是"牵一发而动全身"的敏感、重点区域，以中央住房政策精神为核心，努力落实从严、从快落实住房保障相关配套保障制度、技术标准等。

上海是全国较早开展棚户、简屋、旧区拆迁、改造，配套实建设动迁安置居住区，对应疏散、安置元市区拆迁居民的城市。通过"旧区改造"一方面普遍改善了元棚户、简屋地区居民的居住条件，另一方面还为城市建设发展提供了大量宝贵的市中心建设用地。社会效益、经济效益的双丰收，不仅使该开发建设方式成为之后全国城市建设发展的学习榜样，另一方面，也使上海市在动迁安置住房以及居住区规划建设技术标准、技术管理以及安置住房的分配、运营办法①等方面积累了丰富的技术、管理经验，为今后上海市经济适用住房等保障性住房建设、运营的技术支撑体系与管理制度建设夯实

---

① 上海的动迁安置起于20世纪90年代。按照当时的住房供给体制，最早一批的动迁安置住房均为"公有住房"，住房配套"分配"给动迁居民，居民享有永久"居住权"，但是为"租赁"性质。之后，随着我国"住房供给体制"改革的深化，上海市之后的动迁安置住房逐渐转为：动迁安置住房"定向""分配"给因市重大工程建设而被拆迁的"特定"居民（城区各区均有对应的、指定的动迁安置基地），居民直接拥有住房产权，上市转让受一定年限、对象等限制，同"经济适用住房"。

了基础。

上海市是全国最早建立有地方性配套廉租住房制度的城市，尽管仍然存在着很多问题[①]。上海市的廉租住房等保障性住房的政策制度、配套技术标准等，相对于国内其他省、直辖市、经济特区来说，也是较为全面、完善的。

因此，以上海为例，探讨上海市保障性住房建设、运营、改造的技术支撑体系，不但非常典型，而且，也代表了全国较高水平的城市建设和管理经验，非常值得学习和深入研究。

在既往对上海市保障性住房技术支撑的相关研究（近5年公开发表成果）中，有着丰富的看法和意见。王爱等通过对上海保障性住房的空间布局、配套设施建设的调查，认为其存在明显的空间失配现象，阻碍了保障效果的显现[②]。

在建设实践方面，常青以上海临港新城泥城社区动迁安置房项目为例，介绍了该类工程项目在规划设计中的得失经验[③]。顾玉婷等同样以上海绿地新江桥城项目为例，专项介绍了上海市保障性住房基节能设计的升级技术[④]。

张颖通过对上海地区部分已建成保障性住房项目的调研，分析了既有项目规划设计中存在的不足，以及制约保障性住房向绿色建筑发展的主要因素[⑤]。

胡馨文等基于上海市保障性住房三林基地项目实践，探讨了在

---

① 详见第2章内容。

② 王爱，石蕾.空间失配——对上海保障性住房规划建设的思考[J].中国住宅设施,2014（Z1）:60-63.

③ 常青.上海市动迁安置房的规划设计研究——以上海临港新城泥城社区动迁安置房项目为例[J].建筑设计管理,2013（05）:30-33.

④ 顾玉婷，巴黎.上海绿地新江桥城——保障性住房节能设计技术升级探索[J].城市建筑,2013（01）:42-44.

⑤ 张颖.上海市保障性住房的现状分析和绿色实践[J].绿色建筑,2013,（04）:22-24.

高容积率下实现"构建'15分钟服务圈'、配套设施'保质'规划、构建居住景观环境、'精细集约'的住宅户型平面设计及'新海派'的住宅立面形态控制等"的可能性[①]。

魏旭红等围绕大城市郊区新城建设中"普遍存在的吸引力不足、人口分流效果不佳、城市郊区交通拥堵等通病",通过构建数学模型,对"教育设施、医疗设施、环境因素、购物条件等新城配套要素"做了精确分析,从中找出关联度高、满意度低的配套要素,并提出了有针对性的整改对策[②]。

余琪通过对上海市保障性住房生产模式的动力机制、开发主体、资金来源、土地获取及组织技术5大要素的分析,以及对具体实例的总结,明确了上海市保障性住房建设实践在规划布局及建筑形态方面体现出来的鲜明特征[③]。

此外,同济大学的贺永、黄一如对上海近期颁布的保障性住房的3个相关导则进行了解读,在分析其特点及对现有标准规范突破的基础上,提出了对保障性住房居住人群的居住尊严、政府的角色、保障性住房功能和精细化设计等问题的思考[④]。

同济大学的李振宇等分析了目前上海市保障性住房设计中存在的难点,从用地选址、小区规划、建筑设计3个层面,提出了6点与难点相应的设计策略,具体包括多样化选址、小街坊、小型停车位、一梯多户、半模数、空间复合[⑤]。

---

① 胡馨文,蒙春运.高容积率保障性住房建设规划策略——以上海市保障性住房三林基地项目为例[J].规划师,2012(S1):32-38.

② 魏旭红,张婷麟,孙斌栋.大都市郊区新城的空城化与破解策略——以上海松江为例[J].上海城市管理,2011(02):61-63.

③ 余琪.上海政府保障性住房的生产模式与设计特征[J].时代建筑,2011(04):9-15.

④ 贺永,黄一如.上海保障性住房导则解读与思考[J].时代建筑,2011(04):34-36.

⑤ 李振宇,张玲玲,姚栋.关于保障性住房设计的思考——以上海地区为例[J].建筑学报,2011(08):60-64.

万润坤等主要以北京、上海、广州为代表，讨论和总结了目前我国一线城市流行的保障性住房融资模式[1]。

从以上围绕上海市保障性住房管理、建设相关政策、法规的讨论中，不难看出：上海市作为全国住房保障体系建设的"先行"、"特大"城市，已经在保障性住房，特别是经济适用住房政策运行、建设运行方面积累了较为丰富的实践经验和操作做法，尤其是在后者，即经济适用住房的用地选址、小区规划、建筑设计等工程建设方面，实践历史较长，实践项目较多，暴露出的问题、及时的讨论、意见反馈与修正等均较为充分，技术支撑相对成熟。

但是，与此同时也反映出目前上海市保障性住房相关研究中仍存在众多短板与空白。

（1）公共租赁住房、廉租住房的建设与运营管理及其房屋管理；

（2）保障性住房的房源筹集拓展及建设政策支持；

（3）保障性住房建设新金融形式创新；

（4）保障性住房物业管理；

（5）住房保障水平、形式与保障覆盖范围；

（6）住房保障制度建设。

此外，即使围绕上海市保障性住房工程建设管理方面，有较多经验积累与问题讨论，但也仍有如下一些不足尚需补充。

（1）保障性住房物业养护与修缮制度与技术；

（2）存量住房的改造、更新技术；

（3）保障性住房小区、居住区（大型居住社区）各层级公共服务设施配套标准和技术；

（4）无障碍设计专项，包括残疾人、老年人；

---

① 万润坤，李欣．保障性住房融资模式分析——以北上广为例 [J]．时代金融,2012（15）:313.

（5）学龄前儿童活动专项；

（6）小区户外活动空间规划设计专项；

（7）生活智能化下的户内空间优化设计专项；

（8）公共租赁住房、廉租住房（成套住宅、宿舍）物业管理技术专项等等，不一而足。

二、上海市住房保障类型

对应于国家对我国住房保障基本类型的分类，上海市现行住房保障体系分为住房实物保障以及货币保障两大类别。

（一）上海市住房实物保障类型

依据 2016 年 2 月 1 日发布的《上海市国民经济和社会发展第十三个五年规划纲要》第 42 条"改善市民居住条件和居住环境"的精神，"十三五"期间，上海市住房保障体系建设仍要坚持"健全住房保障制度，进一步完善'四位一体'、租售并举的住房保障体系，健全实物和货币补贴相结合的保障方式，多渠道改善中低收入家庭住房条件"。其中的"四位一体"即指上海市的住房实物保障体系——"保障性住房"的主要类型，包括共有产权住房（包括经济适用住房）、公共租赁住房、廉租住房、征收安置住房，共 4 大类[①]。

依据上海市政府颁布的相关法规，上海市现行各种住房保障实物住房类型的定义具体如下[②]。

[①]　在上海市人民政府关于批转市住房保障房屋管理局等五部门制订的《关于保障性住房房源管理的若干规定》的通知（沪府发 [2014]36 号）中，明示"为进一步完善本市'四位一体'的住房保障体系，提高保障性住房使用效率，促进保障性住房供需平衡，根据本市廉租住房、公共租赁住房、共有产权保障住房（即经济适用住房，下同）、征收安置住房（即动迁安置房，下同）政策规定"，对保障性住房房源管理进行若干规定。

[②]　在上海市较早期的保障性住房相关规定中，保障性住房分类还包括部分 20 世纪下半"公有住房分配"供给时期历史遗存、尚属市区房管部门所有的直管"公有住房"。

1. 保障性住房

上海市保障性住房是指政府为中低收入住房困难家庭所提供的限定住房面积标准、限定价格或租金的住房。依据《上海市保障性住房建设导则（试行）》1.0.2 条："保障性住房包括：经济适用住房、公共租赁住房、廉租住房和动迁安置房等"[①]。

2. 共有产权住房（包含经济适用住房）

依据《上海市共有产权保障住房管理办法》（2016 年 3 月 16 日上海市人民政府令第 39 号公布）的第一章"总则"、第二条"适用范围"的规定："共有产权保障住房"指"符合国家住房保障有关规定，由政府提供政策优惠，按照有关标准建设，限定套型面积和销售价格，限制使用范围和处分权利，实行政府与购房人按份共有产权，面向本市符合规定条件的城镇中低收入住房困难家庭供应的保障性住房"[②]。

一般意义上所指的"经济适用住房"或早期上海市相关政策、法规中所称"经济适用住房"也被归并在其定义涵盖范围之内。

3. 公共租赁住房

依据《上海市人民政府关于批转市住房保障房屋管理局等六部门制定的〈本市发展公共租赁住房的实施意见〉的通知》（沪府发[2010]32 号）第一条"明确总体要求"、第（一）款"基本思路"的精神，"公共租赁住房"是指"政府提供政策支持，由专业机构采用市场机制运营，根据基本居住要求限定住房面积和条件，按略低于市场水平的租赁价格，向规定对象供应的保障性租赁住房"。

该条款还进一步规定："发展公共租赁住房，要符合深化住房制

---

① 　在全国各地，对"保障性住房"的涵盖类型有着不同的解释。即使是在上海市，从 21 世纪开始，对"保障性住房"的涵盖范围所指也曾几经改变；从术语语义的严谨性上目前仍存在很多纰漏之处。
② 　上海市共有产权保障住房管理办法（沪府令第 39 号）（发布日：2016 年 3 月 16 日）. 上海市人民政府公报，2016（08）：3-10.

度改革和加快完善住房保障体系的总体要求，符合'以居住为主、以市民消费为主、以普通商品住房为主'的原则，有效缓解本市青年职工、引进人才和来沪务工人员及其他常住人口的阶段性居住困难，进一步扩大住房保障政策覆盖面，促进住房租赁市场的规范和健康发展"①。

"公共租赁住房"是 2010 年左右结合我国各地房地产市场发展状况，根据国务院《关于解决城市低收入家庭住房困难的若干意见》（国发 [2007]24 号）、《关于坚决遏制部分城市房价过快上涨的通知》（国发 [2010]10 号）及住房和城乡建设部等七部门发布《关于加快发展公共租赁住房的指导意见》（建保 [2010]87 号）提出的新型住房实物保障形式，在保障对象、保障形式、保障房屋管理、建设管理等方面均有创新。因此，落实、实践中也存在诸多问题，迄今为止尚未完全成熟、体系化。

4. 廉租住房

依据《上海市人民政府关于批转市房地资源局制订的〈上海市城镇廉租住房试行办法〉的通知》（沪府发 [2000]41 号）第三条的规定内容，"廉租住房"是指"政府向符合城镇居民最低生活保障标准且住房困难的家庭，提供租金补贴或者以低廉的租金配租具有社会保障性质的普通住房"②。

"廉租住房"伴随着我国 20 世纪 70 年代开始的住房供给制度改革而生，发展至今，其历史由来已久。但是，对"'最低'生活保障标准"、"住房困难"的界定，可提供的货币或实物补贴的"标准"，

---

① 上海市人民政府关于批转市住房保障房屋管理局等六部门制定的《本市发展公共租赁住房的实施意见》的通知（沪府发 [2010]32 号）（发布日：2010 年 9 月 4 日）. 上海市住房和城乡管理委员会，http://www.shjjw.gov.cn/gb/node2/n8/n78/n716/u1ai174048.html, 2016-12-16.

② 上海市人民政府关于批转市房地资源局制订的《上海市城镇廉租住房试行办法》的通知（沪府发 [2000]41 号）（发布日：2000 年 9 月 3 日）. 中国建设信息 ,2000（34）:10-11.

如何操作、管理等却一直摇摆不定，发展步伐审慎小心。

5. 征收安置住房

依据《上海市人民政府关于批转市住房保障房屋管理局制订的〈上海市动迁安置房管理办法〉的通知》（沪府发 [2011]44 号）第一章"总则"、第二条的规定："征收安置住房"也称"动迁安置房"，"是指政府组织实施，提供优惠政策，明确建设标准，限定供应价格，用于本市重大工程、旧城区改建等项目居民安置的保障性安居用房"[①]。

上海市"动迁"目前已经改为"政府征收"。"征收补偿"主要以被征收房屋的价值决定（包括征收面积和价格评估），另外还包括"装修补偿"等辅助补偿。在上述补偿之外，各区为了鼓励居民尽快搬迁出去，还另外规定有一定鼓励配合搬迁的奖励措施。而且，各区的奖励措施不尽相同，一事一议。

6. 公有住房

依据《上海市城镇公有房屋管理条例》（1990 年 3 月 14 日上海市第九届人民代表大会常务委员会第十六条会议通过）第一章"总则"、第二条的规定："公有房屋系指全民所有和集体所有的房屋及其附属设施"。并且，"全民所有的房屋产权属国家所有。由国家授权管理全民所有房屋的国家机关、团体、部队、全民所有制企业、事业单位，在授权范围内，依法行使权利"。"集体所有的房屋产权属其劳动群众集体所有。劳动群众集体组织享有占有、使用、收益和处分的权利"。

上述术语定义是在20世纪"公有住房供给分配"时期确定的。但是，

---

① 上海市人民政府关于批转市住房保障房屋管理局制订的《上海市动迁安置房管理办法》的通知（沪府发 [2011]44 号）（发布日：2011 年 7 月 29 日，有效期为 5 年）．天下房地产法律服务网，http://www.law110.com/law/32/shanghai/law11020062231581.html.

经过全国的"住房体制改革",从 1994 年开始,上海市"公有住房"即开始向承租家庭作价出售[①],至今虽然绝大多数已经完成出售工作,但仍有部分因各种特殊情况,而未能售出,仍为"公有住房"。

这里的"公有住房"专指在 1998 年以前上海市建设,且尚未出售给承租者个人的具有公有产权的"公有房屋"[②]。

（二）上海市住房货币保障类型

在上海市住房保障体系中,最为主要的货币保障方式即为上海"住房公积金"制度建设。依据《上海市住房公积金管理若干规定》（上海市人民代表大会常务委员会公告第 53 号,《上海市住房公积金管理若干规定》已由上海市第十二届人民代表大会常务委员会第二十二次会议于 2005 年 9 月 23 日通过,现予公布,自 2006 年 1 月 1 日起施行。上海市人民代表大会常务委员会,2005 年 9 月 26 日）第三条要求:"住房公积金由国家机关、国有企业、城镇集体企业、外商投资企业、城镇私营企业及其他城镇企业、事业单位、民办非企业单位、社会团体（以下统称单位）及其在职职工缴存";第四条要求:"住房公积金的缴存比例,可以在国家规定的最低缴存比例基础上浮动确定。每年住房公积金的缴存比例和月缴存最高限额,由市公积金管委会拟订,报市人民政府批准后执行,并向社会公布"[③]。

本书因主要围绕保障性住房（实物）的技术支撑展开讨论,因此,有关货币保障部分,即上海市"住房公积金"相关问题,今后将另

---

① 上海市人民政府《关于出售公有住房的暂行办法》（沪府发 [1994] 第 19 号）（发布日:1994 年 5 月 18 日,时效性:已被修订）. 律商网,http://hk.lexiscn.com/law/law-chinese-1-19790.html.

② 来源:上海市城镇公有房屋管理条例（1990 年 3 月 14 日上海市第九届人民代表大会常务委员会第十六条会议通过）. 学习网,http://www.cnfla.com/tiaoli/205408.html. 2016-12-03.

③ 上海市住房公积金管理若干规定. 百度百科,http://baike.baidu.com/link?url=gWVDXWUm7K-HpKTHh2bCQBTrvzTQQjY_HWqZwFeUw4jQcimyxrtCz0UnaJXiLG74fuFUqQeK1gaeFUHG2h165Os xthCVmAzY4lPdWu0EKyf4uuK4YT1uKVewiTTzADkONJ0jGEp5qdJVvGbgKqwYJCA31fBpPxI5NP q9g3SqNgJXPTFe6TWAFfpXlnwnLBh6RjTWAyTO3QxRYyze0fQKn5OsVyZ6VR2TmwhLo5qJ00N_ nGxO29AvN5QZEUFJ7fiu.

择篇幅专门展开。

此外，在住房和城乡建设部等中央部委以上级别颁布的管理规定中，我国主要保障性住房（实物）类型明确划分为：经济适用住房、公共租赁住房、廉租住房、限价商品住房、棚户区改造安置住房[①]。因此，与国家法令相对照，本章后面讨论中所涉及的上海市主要保障性住房类型也仅限定在共有产权住房（包含经济适用住房）、公共租赁住房、廉租住房3类。其他如征收安置住房、公有住房等住房实物保障类型虽然在上海市住房保障体系中占有不可忽视的、极其重要的地位，但因篇幅原因，有关上述住房类型今后将另择篇幅专门展开。

三、上海市相关行政主管部门、配套法规、标准

（一）相关责任管理的行政主管部门

1. 按住房保障类型

（1）共有产权住房（包含经济适用住房）

依据《上海市共有产权保障住房管理办法》（2016年3月16日上海市人民政府令第39号公布）第一章"总则"、第三条"管理职责"，有如下规定。

市人民政府设立市住房保障议事协调机构，负责共有产权保障

[①] 公共租赁住房管理办法（住建部令第11号）（发布日：2012年5月28日）. 中华人民共和国住房和城乡建设部 ,http://www.mohurd.gov.cn/zcfg/jsbgz/201206/t20120612_210227.html.

廉租住房保障办法（中华人民共和国建设部 中华人民共和国国家发展和改革委员会 中华人民共和国监察部 中华人民共和国民政部 中华人民共和国财政部 中华人民共和国国土资源部 中国人民银行 国家税务总局 国家统计局令第162号）（发布日：2007年11月8日）. 中华人民共和国住房和城乡建设部 , http://www.mohurd.gov.cn/zcfg/jsbgz/200711/t20071126_159106.html.

第一条"信息公开内容"，（一）"年度建设计划。要按照廉租住房、公共租赁住房、经济适用住房、限价商品住房、棚户区改造安置住房的类别，公开市、县年度建设计划，包括开工套数和竣工套数。"来源：关于公开城镇保障性安居工程建设信息的通知（建保[2011]64号）（公布日：2011年5月10日）. 中华人民共和国住房和城乡建设部 , http://www.mohurd.gov.cn/zcfg/jsbwj_0/jsbwjzfbzs/201106/t20110610_205435.html.

住房的政策、规划和计划等重大事项的决策和协调。

市住房保障行政管理部门是本市共有产权保障住房工作的行政主管部门。

区（县）人民政府负责组织实施本行政区域内共有产权保障住房的建设、供应、使用、退出以及监督管理等工作。区（县）住房保障行政管理部门是本行政区域内共有产权保障住房工作的行政管理部门。

乡（镇）人民政府和街道办事处负责本行政区域内共有产权保障住房的申请受理、资格审核以及相关监督管理工作。

本市发展改革、规划国土、财政、民政、公安、税务、金融、国资、审计、统计、经济信息化以及监察等行政管理部门按照职责分工，负责共有产权保障住房管理的相关工作。

（2）公共租赁住房

依据《上海市人民政府关于批转市住房保障房屋管理局等六部门制订的〈本市发展公共租赁住房的实施意见〉的通知》（沪府发 [2010]32 号）第一条"明确总体要求"有如下规定。

基本原则。市政府主要负责全市公共租赁住房的政策制定、规划统筹和资源调配;区（县）政府作为公共租赁住房工作的责任主体，应因地制宜、规范管理，组织开展本区（县）公共租赁住房的实施。

落实管理部门。市住房保障领导小组负责对本市公共租赁住房的政策、发展规划和阶段性任务等重大事项进行决策协调。市住房保障房屋管理局是本市公共租赁住房工作的行政主管部门。区（县）政府按照属地化管理原则，负责本辖区公共租赁住房建设、筹集和供应的实施管理。区（县）住房保障房屋管理部门是本区（县）公共租赁住房工作的管理部门。市和区（县）发展改革、城乡建设、规划土地、财政、税务、工商、国资、民政、金融、人力资源社会保障、农业、经济信息化、公安、监察等部门按照职责分工，负责公共租赁住房的相关管理与监督工作。

积极组建公共租赁住房运营机构。由市、区（县）政府组织和扶持一批从事公共租赁住房投资和经营管理的专业运营机构（以下简称"运营机构"），负责公共租赁住房投资、建设筹措、供应和租赁管理，并引导各类投资主体积极参与。运营机构应按公司法有关规定组建，具有法人资格，采取市场机制进行运作，以保本微利为营运目标，着重体现公共服务的功能。

认真编制公共租赁住房发展规划和实施计划。区（县）政府应根据本区域经济发展水平、市场租赁住房供应情况和规定对象的需求等因素，统筹安排，合理布局，确定公共租赁住房供应规模，编制公共租赁住房的发展规划和年度实施计划，报市住房保障领导小组备案。公共租赁住房建设用地应符合土地利用总体规划和城镇规划，纳入年度土地供应计划，规划和土地部门应予重点保障，并将所建公共租赁住房相关要求作为土地供应的前置条件。

（3）廉租住房

依据《关于批转市房地资源局制订的〈上海市城镇廉租住房试行办法〉的通知》（沪府发 [2000]41 号）第四条，有如下规定。

上海市房屋土地资源管理局（以下简称市房地资源局）是本市廉租住房工作的行政主管部门。上海市廉租住房管理办公室（以下简称市廉租办）具体负责指导、协调试点区的廉租住房管理工作。

试点区房地产行政管理部门是本辖区廉租住房工作的行政管理部门。试点区的廉租住房管理办公室（以下简称区廉租办）负责制订本辖区廉租住房的具体实施方案并组织实施，业务上受市廉租办领导。

财政部门、民政部门、街道办事处和镇人民政府按照各自职责，协同实施本办法。

2. 按行政级别

（1）市级部门

上海市保障性住房及住房小区规划、建设、运营、改造的相关行政主要管理部门按民用建筑的全寿命周期包括如下（表11-1）。

表11-1　上海市住房保障的相关主要行政主管部门

管理内容	行政主管部门	具体执行机构
计划、选址、规划	上海市人民政府 上海市发展改革委员会 上海市财政局 上海市地方税务局 上海市规划和国土资源管理局 上海市住房和城乡管理委员会	上海市住房保障事务中心
建设管理	上海市规划和国土资源管理局 上海市住房和城乡管理委员会 上海市环境保护局 上海市绿化和市容管理局 上海市城市管理行政执法局 上海市民防办公室（上海市人民防空办公室）	上海市住房保障事务中心
分配、经营	上海市住房和城乡管理委员会	上海市住房保障事务中心
物业维护	上海市住房和城乡管理委员会 上海市环境保护局 上海市绿化和市容管理局 上海市城市管理行政执法局 上海市民防办公室（上海市人民防空办公室）	上海市住房保障事务中心
改造、拆迁	上海市住房和城乡管理委员会 上海市环境保护局 上海市绿化和市容管理局 上海市城市管理行政执法局 上海市民防办公室（上海市人民防空办公室）	上海市住房保障事务中心
材料和产品 其他	上海市住房和城乡管理委员会 上海市城市管理行政执法局 上海市工商行政管理局	

资料来源：中国上海. http://www.shanghai.gov.cn/nw2/nw2314/nw2319/nw2405/index.html.

住房保障不但涉及面广、复杂繁琐，而且问题因时因地而异，长期持续存在，因而国家要求各地均应制定中、短期保障性住房建设计划，特别是目前各地保障性住房实物配置严重缺位，保障性住房建设在一定时期内仍存在大量需求。上海市的 3~5 年的短期，或 10~15 年的长期建设计划应由上海市人民政府会同上海市发展和改革委员会、上海市财政局、上海市地方税务局、上海市规划和国土资源管理局、上海市住房和城乡管理委员会等共同制定。

城市普通住宅居住小区工程项目或保障性住房居住小区的用地选址、小区规划应符合上海市各区总体规划、控制性详细规划、修建性详细规划等上层城市建设规划的要求。主要涉及主管单位为上海市规划和国土资源管理局等。

保障性住房工程的勘察设计、施工的主要技术管理的地方性行政主管部门为上海市住房和城乡管理委员会，其他相关专项技术管理政府部门包括上海市环境保护局、上海市卫生和计划生育委员会、上海市质量技术监督局、上海市绿化和市容管理局、上海市民防办公室（上海市人民防空办公室）等。

保障性住房居住小区建设工程按照技术要求竣工验收后，即交付上海市住房和城乡管理委员会，依据相关法规进行保障住房的相关分配、出售以及日常的准入、退出的管理等。

保障性住房的日常维护、经营管理，直至建筑物的改造、拆除等，其工作也主要由上海市住房和城乡建设管理委员会对口管理。

在保障性住房建设、运营维护、拆除的全寿命过程中，涉及的各类建筑材料、产品的生产行业、设计行业的管理等也主要由上海市住房和城乡建设管理委员会承担。

上海市住房和城乡建设管理委员会是保障性住房主要建设和管

理的市级行政机构。它内设 24 个"处"、"室"机构，其中直接负责保障性住房建设、运营的是"住房保障管理处（廉租住房管理办公室）"以及资金管理机构——"审计处（公积金处）"。此外，保障性住房建设、运营、维护、改造拆迁等的相关责任机构还包括"综合技术处"、"工程建设处"、"物业管理处"、"房屋修缮改造和安全监督处"、"旧区改造和房屋征收管理处"、"建筑节能和建筑材料监管处"等诸多"处"、"室"（图 11-1）。

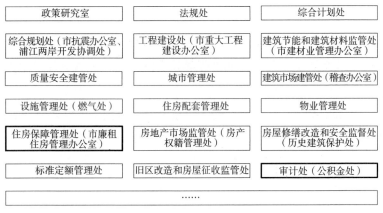

图11-1 "上海市住房和城乡管理委员会"内设机构

（2）次级部门

上海市住房和城乡建设管理委员会是上海市市一级政府机构，负责的是上海市建设领域的相关政策、技术标准、文件的制定并负责监督其贯彻落实。

上海市住房保障体系和保障性住房建设、运营的具体事务执行则主要由上海市住房和城乡建设管理委员会的次一级各直属单位、区县主管单位负责。

在行政管理上，上海市的保障性住房工作被分解为各区县的保障性住房工作，主要由上海市各区县"住房保障和房屋管理局"等负责。

在技术等其他事务工作的管理、指导上则由上海市住房和城乡建设管理委员会的直属单位——"上海市住房保障事务中心"、"上海市建设工程安全监督总站"、"上海市物业管理事务中心（上海市房屋维修资金管理中心、上海市公房经营管理事务中心)"、"上海市建筑建材业市场管理总站（上海市工程标准定额总站、上海市建设工程招标管理办公室)"等单位负责。其中，"上海市住房保障事务中心"是上海市住房保障最主要的责任单位（图11-2)。

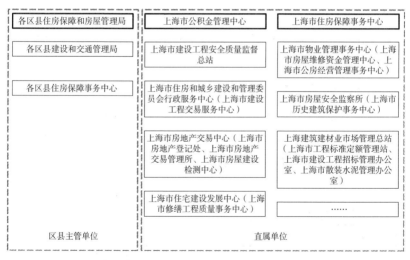

图11-2　"上海市住房和城乡建设管理委员会"的区县主管单位、直属单位

"上海市住房保障事务中心"是依据上海地区住房保障发展现况，按照上海市政府规定于2011年成立的。它是上海市住房和城乡建设管理委员会的直属事业单位。"中心"负责上海市全市保障

性住房（廉租住房、公共租赁住房和共有产权保障住房）的申请、供应、房源筹措、调配与使用管理等工作，并且主要负责管理上海市住房保障相关专项资金（不包含上海市"住房公积金"的专项管理），指导、监管上海市住房保障的相关审核工作和房源售后（租后）监督管理等工作，并对上海市各区（县）的住房保障机构——各区县的"住房保障和房屋管理局"、"住房保障中心"等进行相关业务指导和管理等工作。

（二）住房保障相关政策、法规、标准

上海市对住房保障以及保障性住房有着较为详细的、体系化的住房管理政策以及勘察设计技术标准、文件、标准图集等建设管理政策与法规。为了梳理上海市住房保障相关技术支撑情况，本节从保障性住房的房屋管理、建设管理的角度，梳理、明确上海市保障性住房建设、运营、改造的行政和技术管理政策、法规以及技术文件体系。

1. 住房保障政策

依据国务院、住房和城乡建设部等中央部委住房保障相关政策、法令精神，上海市落实本地区住房保障体系建设的基本管理规定按照保障住房类型整理如下（表11-2）。

表11-2 上海市保障性住房发展管理政策

类型	文件名	发布日	主要内容
保障性住房	上海市政府办公厅转发市住房城乡建设管理委等四部门关于进一步完善本市住房市场体系和保障体系促进房地产市场平稳健康发展若干意见的通知（沪府办发[2016]11号）	2016-03-24	• 联席会议 • 用地供应、限购 • 差别化住房信贷、监管 • 廉租、公租住房并轨、人才公寓、共有产权住房建设、供应和供后管理 • 旧区改造和城中村改造

续表

类型	文件名	发布日	主要内容
保障性住房	上海市人民政府办公厅关于进一步加强本市保障性安居工程建设和管理的意见（沪府办发 [2012]38 号）	2012-05-17	• 有效期至 2017 年 3 月 31 日 • 建设目标 • 土地、投入、配建、信贷、融资、减免税等支持政策 • 工程项目的建设水平 • 行政管理 • 政府责任、工作机制
共有产权住房	上海市共有产权保障住房管理办法（沪府令 39 号）	2016-03-16	• 建设管理 a. 规划和计划编制 b. 土地供应、项目选址、项目认定、建设方式 c. 项目管理和责任信息公开 d. 建设要求、统筹建设管理 e. 支持政策 f. 价格管理、产权份额、价格确定程序、剩余房源安排 • 申请供应 • 供后管理 • 监督管理、法律责任
公共租赁住房及廉租住房	上海市人民政府关于延长《本市发展公共租赁住房的实施意见》有效期的通知（沪府发 [2015]48 号）	2015-08-28	有效期至 2020 年 6 月 30 日
	上海市人民政府关于批转市住房保障房屋管理局等六部门制订的《本市发展公共租赁住房的实施意见》的通知（沪府发 [2010]32 号）	2010-09-04	• 总体要求 • 房源筹集 • 供应管理机制 • 租赁管理机制 • 政策支持
	上海市关于本市廉租住房和公共租赁住房统筹建设、并轨运行、分类使用的实施意见（沪府发 [2013]57 号）	2013-07-31	• 房源统一 • 申请条件统一 • 租赁价格统一 • 租赁管理统一 • 财政资金统一

类型	文件名	发布日	主要内容
公共租赁住房及廉租住房	上海市人民政府关于批转市房地资源局制订的《上海市城镇廉租住房试行办法》的通知（沪府发 [2000]41 号）	2000-09-05	• 组织管理 • 资金、房源筹措渠道 • 准入标准 • 申请、审核、配租、退租、复核、惩罚

注：因住房保障的影响因素众多，地区政治、经济、社会的些许变化都可能带来住房保障需求的差异，上海市政府及其相关主管机构对本地区住房保障政策的规定往往会随着时间的推移而逐渐调整、逐步完善。本节中列举的相关政策、法规均为最近、最新规定（至2017年5月），已失效文件未列入其中。

从上述文件的具体内容比较上来看，上海市政府目前对共有产权住房（含经济适用性住房）管理相对比较成熟、完善，相应规定也相对明确。特别是在"五年"、"年度"城市住房建设计划、用地指标统筹配置管理上，均强化了对共有产权住房建设规划的优先地位。此外，在共有产权住房的房源管理、建设方式、建设优惠政策等方面也有着较为明确、清晰的条文规定。同时，作为补充管理规定，对共有产权住房的"结算价格"、"销售基准价格"、"购房人产权份额"、"单套销售价格"等的构成、计算、确定等均做出了明晰的阐述和说明。

2013 年 7 月，根据国务院办公厅《关于保障性安居工程建设和管理的指导意见》（国办发 [2011]45 号）、《上海市人民政府办公厅〈关于进一步加强本市保障性安居工程建设和管理的意见〉》（沪府办发 [2012]38 号）等的要求，上海市政府颁布《上海市〈关于本市廉租住房和公共租赁住房统筹建设、并轨运行、分类使用的实施意见〉》（沪府发 [2013]57 号），将廉租住房的建设、运营等相关管理与公共租赁住房做了"并轨运行，分类使用"。

相对于共有产权住房管理规定，上海市公共租赁住房相关管理办法则显得稍有不足，也显示出上海市政府在公共租赁住房的计划、规划以及建设、运营管理等多方面尚处于摸索状态，很多核心问题如：建设计划、用地供应、建设方式、盈利水平以及政策支持等方面均为鼓励、探索，尚未形成较为全面、完善、明确的管理办法，至公共租赁住房大规模建设、投入运营实践，形成管理制度，尚有很长一段路程要走。

廉租住房保障制度在上海市实践历史较长，但实践效果一直不甚理想。2013 年根据（沪府发 [2013]57 号）进行了"归并管理，分类使用"，简化了政府、机构统管保障性住房的工作复杂度，但是，"货币配租为主，实物配租为辅"的双轨制运作机制，以及保障对象人群的特殊性，仍未能从根本上解决上海市廉租住房政策受惠覆盖面狭小，申请、审核程序复杂，平均扶助力度较低等实际问题。

从上述各类住房管理规定的颁布时间上来看，按时间从早到晚顺序依次为：廉租住房、公共租赁住房、共有产权住房，其中，《上海市城镇廉租住房试行办法》尚为 2000 年 9 月颁布的，距今业已执行了近 20 年，可见前期颁布的廉租住房、公共租赁住房等相关管理制度亟待依据当前的新形式、新情况，进行深度的更新、调整。

2. 行政管理

依据国务院、住房和城乡建设部发布的国家住房保障政策，以及上海市人民政府在本地区落实中央决议精神[1]，开展住房保障体系建设的总体原则和基本思路，上海市各行政主管机构分别针对不同保障类型，制定了系列保障住房行政管理、建设管理的相关工作实施细则、建设技术导则等通知、规范。其中上海市住房保障的相关行政管理办法、实施细则整理如表（表 11-3）。

---

① 详见表 11-2 内容。

表11-3　上海市住房保障的相关行政管理办法

类型	文件名	时间	主要内容
廉租住房	上海市人民政府办公厅转发市住房城乡建设管理委等三部门关于调整本市廉租住房租金配租家庭租赁补贴标准意见的通知（沪府办 [2017]3 号）	2017-01-04	保障标准： • 租金配租补贴标准 ①
	上海市人民政府关于调整和完善本市廉租住房政策标准的通知（沪府发 [2013]25 号）	2013-04-08	保障标准： • 申请条件 ② • 配租面积标准 ③ • 租金配租补贴标准 • 实物配租租金标准与承担
	关于印发《上海市廉租住房保障家庭复核管理试行办法》的通知（沪房管规范保 [2012]21 号）	2012-07-02	配租资格复核： • 配租期满后资格的复核 • 配租期间情况变更的复核
	关于印发《上海市廉租住房申请审核实施细则》的通知（沪房管规范保 [2012]19 号）	2012-06-19	申请审核工作办法： • 申请受理 • 审核登记 • 特殊事项 • 虚假申报处理

---

① 截至 2017 年，按照基本租金补贴标准实施补贴的廉租住房家庭，每月每平方米居住面积租金补贴：黄埔、杨浦等 8 区为 125 元；宝山、嘉定等 5 区为 95 元；金山、崇明等 3 区为 65 元。来源：上海市人民政府办公厅转发市住房城乡建设管理委等三部门关于调整本市廉租住房租金配租家庭租赁补贴标准意见的通知（沪府办 [2017]3 号）（发布日：2017 年 1 月 4 日）. 上海市住房和城乡建设管理局，http://www.shjjw.gov.cn/gb/node2/n8/n78/n79/u1ai175029.html.

② 截至 2017 年，廉租住房申请条件：a）具有上海户籍；b）人均居住面积低于 $7m^2$（含 $7m^2$）；c）3 人以上家庭人均年可支配收入低于 25200 元（含 25200 元）等。来源：上海市人民政府关于调整和完善本市廉租住房政策标准的通知（沪府发 [2013]25 号）（发布日：2013 年 4 月 8 日）. 上海市住房和城乡建设管理委员会，http://www.shjjw.gov.cn/gb/node2/n8/n78/n79/u1ai174054.html.

③ 截至 2017 年，廉租住房保障面积按照人均居住面积 $10m^2$ 计算。来源：上海市人民政府关于调整和完善本市廉租住房政策标准的通知（沪府发 [2013]25 号）（发布日：2013 年 4 月 8 日）. 上海市住房和城乡建设管理委员会，http://www.shjjw.gov.cn/gb/node2/n8/n78/n79/u1ai174054.html.

续表

类型	文件名	时间	主要内容
共有产权保障住房	市政府办公厅关于转发市住房城乡建设管理委等五部门制订的《上海市共有产权保障住房供后管理实施细则》的通知（沪府办 [2016]78 号）	2016-09-30	住房供后房屋转让和使用行为管理① 工作办法： • 转让管理 • 使用管理
	关于印发《上海市共有产权保障住房申请、供应实施细则》的通知（沪建保障联 [2016]815 号）	2016-09-26	申请审核、轮候供应等工作办法： • 申请和审核 • 轮候和选房
	关于批转市住房保障房屋管理局等四部门制订的《上海市共有产权保障住房（经济适用住房）准入标准和供应标准》的通知（沪府发 [2013]24 号）	2013-04-08	准入和供应标准： • 准入标准② • 供应标准③
	上海市关于对部分共有产权保障住房（经济适用住房）申请对象调整住房面积核算方式的意见（沪房管规范保 [2013]4 号）	2013-04-09	有效期至 2017 年 12 月 31 日住房面积核算
	上海市关于加强共有产权保障住房（经济适用住房）申请审核、严肃查处隐瞒虚报行为的通知（沪房管保 [2012]254 号）	2012-08-03	申请和审核惩罚

---

① 上海市共有产权保障住房供后房屋转让和使用行为管理，又简称为"供后管理"。来源：市政府办公厅关于转发市住房城乡建设管理委等五部门制订的《上海市共有产权保障住房供后管理实施细则》的通知（沪府办 [2016]78 号）（发布日：2016 年 9 月 30 日）. 上海市住房和城乡建设委员会，http://www.shjjw.gov.cn/gb/node2/n8/n78/n714/u1ai174051.html.

② 具有上海户籍，家庭人均住房建设面积低于 $15m^2$（含 $15m^2$），3 人及以上家庭人均年支配收入低于 6 万元（含 6 万元）。来源：关于批转市住房保障房屋管理局等四部门制订的《上海市共有产权保障住房（经济适用住房）准入标准和供应标准》的通知（沪府发 [2013]24 号）（发布日：2013 年 4 月 8 日）. 上海市住房和城乡建设委员会，http://www.shjjw.gov.cn/gb/node2/n8/n78/n714/u1ai174050.html.

③ 共有住房供应标准为单身人士可购买 1 居室；2 人或 3 人家庭可购买 2 居室；4 人及以上家庭可购买 3 居室。来源：关于批转市住房保障房屋管理局等四部门制订的《上海市共有产权保障住房（经济适用住房）准入标准和供应标准》的通知（沪府发 [2013]24 号）（发布日：2013 年 4 月 8 日）. 上海市住房和城乡建设委员会，http://www.shjjw.gov.cn/gb/node2/n8/n78/n714/u1ai174050.html.

续表

类型	文件名	时间	主要内容
公共租赁住房	上海市住房保障和房屋管理局关于印发《市筹公共租赁住房准入资格申请审核实施办法》的通知（沪房管规范保 [2013]3 号）	2013-02-21	申请主要条件： • 与本市单位签有劳动合同 • 人均居住面积低于 $15m^2$ • 未享有其他住房保障 申请受理 审核确认 虚报申请的处理
	上海市人民政府关于批转市住房保障房屋管理局等六部门制订的《本市发展公共租赁住房的实施意见》的通知（沪府发 [2010]32 号）	2010-09-04	准入： • 供应标准 ① • 准入标准 ② • 租金标准 ③

注：公有住房的行政管理主要是针对20世纪建设的"公有住房"的租赁经营等问题，属于"历史遗留"问题的延续处理，在住房保障的数量上占比较低，且不为今后的发展方向，因此，在本书中省略论述。

　　由于历史原因，廉租、共有、公共租赁住房在我国住房建设历史中的发展时限有长有短，因此，对其管理实践的历史也是有深有浅，长短不一。这也反映在对住房保障各类型的行政管理成熟度的参差不一上。相对而言，上海的廉租住房、共有产权房管理因时间较长，实践经验较多，因而在其住房行政管理上较为成熟，围绕保障住房

---

① 套型建筑面积 40～50m²。可为成套住房或宿舍。来源：上海市人民政府关于批转市住房保障房屋管理局等六部门制订的《本市发展公共租赁住房的实施意见》的通知（沪府发 [2010]32 号）（公布日：2010 年 9 月 4 日）.上海市住房和城乡建设委员会，http://www.shjjw.gov.cn/gb/node2/n8/n78/n716/u1ai174048.html.

② 公共租赁住房申请对象：具有本地户籍或《上海市居住证》，住房面积低于人均建筑面积15m²。来源：上海市人民政府关于批转市住房保障房屋管理局等六部门制订的《本市发展公共租赁住房的实施意见》的通知（沪府发 [2010]32 号）（公布日：2010 年 9 月 4 日）.上海市住房和城乡建设委员会，http://www.shjjw.gov.cn/gb/node2/n8/n78/n716/u1ai174048.html.

③ 保证租金支付。承租人应根据合同约定，按时支付租金，符合条件的可按规定申请提取公积金账户内的存储余额，用于支付租金。来源：上海市人民政府关于批转市住房保障房屋管理局等六部门制订的《本市发展公共租赁住房的实施意见》的通知（沪府发 [2010]32 号）（公布日：2010 年 9 月 4 日）.上海市住房和城乡建设委员会，http://www.shjjw.gov.cn/gb/node2/n8/n78/n716/u1ai174048.html.

的"租"或"售"的申请和审核、准入和供应、使用和转让等均有较为详细、明晰的行政管理实施细则等。

但是，从总体看来，仍有很多细节需要进一步的规章制度来明确、补充。

（1）廉租住房

在目前通货膨胀率较高，物价、房租上涨变化较为激烈时期，廉租住房准入标准（收入、存款标准）、租金配租标准的相关"管理规定"如何及时适应房屋租赁市场的变动，以确保保障家庭能够稳定、长久定住。

廉租住房准入标准和实物配租标准的住房面积核计，因历史遗留原因，仍采用"按照×××居住面积[①]"的计算方法，与现行城市成套集合住宅面积核算方法不统一，易造成标准核算误差。是否宜增加"人均套内建筑面积"的对应标准。

目前的廉租户主要为各区民政部门登记在册的"生活困难家庭"——"城市低保家庭"中的"住房困难"家庭，可覆盖的上海市户籍人口范围非常狭小，并且对因各种原因"致贫"的上海市户籍人口家庭是否能够及时实施反馈、救助，值得再探讨。

申请、核准、分配、复核等行政管理流程、内容、手续繁琐，申请困难。

廉租户的居住地一般较为分散，除了房租补贴（或实物住房补贴）外，水、电、天然气、物业费等的每月支出也占家庭收入的相当比例，能否通盘考虑。

其他需要小区或住栋所有家庭统一协议出资项目的资金来源，例如上海目前推行的多层住房增设无机房电梯，应对社会老龄化问

---

① "居住面积"是20世纪"公有住房"供给时期（早期困难时期），城市居民住房不按"套"分配，而是一般厨卫共用，家庭居住水平仅仅按照卧室、起居厅（多为方厅、过厅、黑厅等）使用面积核计。

题，或是住栋"平改坡"，以应对"节能减排"问题等，均可能在各家庭酌量集资问题上，"卡壳儿"在廉租户上。

（2）共有产权住房

建设选址。目前上海的共有产权住房主要选址在分布于城市远郊的大型居住社区。虽然远期规划有地铁等通过、接驳，但是，目前看，在人口集聚、经济增速放缓的今天，上述社区的远期发展前景并不乐观[①]。借鉴国外经验，防患于未然，非常需要未雨绸缪，提前考虑。

准入对象。上海市大型居住社区、共有产权住房建设的一个重要目的是配合上海市城区城市基础设施建设和旧里、棚户、简屋改造以及城郊农村自然村落的"千村并点"等宅基地整理，并不完全对应于城市低收入人群的"无房户"或"缺房户"。对于他们的资格审核、住房供应与供后管理，不但未见明示规定，也未见具体的实施、操作办法。

供应类型。1~3室户，基本能够满足"分室就寝"要求，能否进一步提升，是否能进一步适应国家"二胎政策"、"人口老龄化"[②]的社会现实，社会效益、经济效益的平衡点在何处，值得进一步研究。

---

① 在第二次世界大战后，因战后城市重建，意大利各大主要城市均大量建设了"公共住房"，并且随着城市急剧扩张，上述"公共住房"社区建设不断由城市近郊，向城市远郊区发展，社区独立建设于农业用地中，由高速道路、铁路连通、接驳，规模大，社区公共服务设施配套建设，自给自足。这种形式的新"社区"建设方式一直持续到20世纪70年代。但是，随着20世纪70年代意大利经济发展掉头向下，人口增长率由"正"变"负"，上述大型社区不但没有形成新"城镇"，反而逐渐衰败，走向没落，成为分布于城市远郊区中的一座座"孤岛"，无法自维持，成了新的城市"贫民窟"。

同样，在日本公营、公团住宅建设中，也出现了远郊区大量建设，后逐渐衰败的类似发展过程。纵观上述国家住房保障发展史，我国保障性住房的大规模建设非常需要"引以为戒"。

② 原"多代居"的动迁户在动迁时，由于配套房型的限制以及其他社会因素的影响，进行"分户"选房的家庭较多，有时会考虑照顾"老人"的问题，选择同一或邻近小区住房。

（3）公共租赁住房

与廉租住房、共有产权住房的房屋行政管理相比，公共租赁住房的相关管理显得经验匮乏，管理体系的多个方面均处于摸索阶段。

准入条件。准入家庭除了户籍、上海市居住证外，对家庭年可支配收入、家庭存款的经济核准门槛，尚不明确。

准入条件。除了户籍、居住证外，申请者还需要拥有与本地公司、单位签订的中长期劳动合同，将申请资格具备者限定在了一个较小的范畴或类型中，例如：那些个体经营业者、小服务业者[1]，特别是撇家舍业在沪打拼的外地来沪务工人员是否能够被包括在公共租赁住房的保障范畴内，值得探讨。

专门公司。专门建设、运营的日常管理机构尚未形成。允许公共租赁住房管理公司的盈利方式、利润率等不清。

租金设定。按规定是稍低于周边市场价格。但是，如何界定，如何适时调整、房租固定等运作机制不清。

房源、选址。上海市倡导公共租赁住房房源要多渠道，主要推荐选择旧式工厂、仓库改造，或在农村集体用地、大型居住社区建设或选择房源。弃用工业建筑改造住宅虽可在城市区位方面占有一定优势，但是改造后的居住类型多适合用作单身宿舍或"One Room"的小型公寓，在居住形式上不适合普通家庭使用。而选址在农用地、大型社区，则面临地点偏远，交通出行难等问题（根据公共租赁住房的准入标准，公租房家庭必须是在职人员，多需要往返通勤）。

供应标准。40～50m² 建筑面积用于中高层带电梯住宅[2] 户型设

---

[1] 这也是通常外地务工人员占比较高的行业，他们往往在收入、住房问题上存在一定困难。

[2] 上海地区目前规划、在建住宅小区的容积率绝大多数都在 2.0 以上，以中高层集合住宅为主。

计上存在较多经济性、安全性上的考量，难度较高，特别是公共租赁住房的户型供应应适应所有家庭构成的居住要求，更是难上加难。能否细化标准，给该类住房设计提供更多的优化余地与自由度，考量的不但有技术可能性，还有建设资金、经营状况、保障覆盖范围、对象特征等诸多因素。

上海市虽然在各个方面均在积极推进本地区的住房保障事业，但是，由于长期欠账以及目前经济形式的不明朗，上海市的"住房保障"对于生活在这片土地上的绝大多数人来说，还是曲高和寡的"高端"奢侈品（我国的多数城市均如此）。申请门槛、流程手续、"供不应求"的供应量（定向供应），甚至其他未知因素等，都让人纷纷望而却步，知难而退。

3. 建设管理

（1）上海市保障性住房小区与保障性住房的建设管理规定

上海市是国内最早编制保障性住房（经济适用住房）建设指导导则、设计导则的地区之一。目前，上海市现行、公表的专属"保障性住房建设导则"等主要如表11-4所示。概括地看，包括小区规划、小区绿化环境设计、住房建筑设计（含共有产权住房、公共租赁住房、廉租住房）、装修设计、绿色和节能设计、施工质量管理等保障性住房小区工程项目各建设阶段的技术要求或设计导则。

表11-4　上海市住房保障相关建设管理规定

类型	文件名	发布日	主要内容
保障性住房	上海市关于批转市住房保障房屋管理局等五部门制订的《关于保障性住房房源管理的若干规定》的通知（沪府发[2014]36号）	2014-05-09	·有效期至2018年12月31日 ·房源管理原则、范围和要求 ·用途调整方式与价格结算 ·用途调整程序 ·房地产登记

续表

类型	文件名	发布日	主要内容
保障性住房	上海市人民政府办公厅转发市住房保障房屋管理局等五部门关于本市保障性住房配建实施意见的通知（沪府办发 [2012]61 号）	2012-10-15	·配建比例和要求 ·配建具体规定 ·配建管理程序 ·配建房源的使用 ·配建房源的出售和定价 ·配建资金的管理和使用 ·监督与检查
	关于发布《上海市保障性住房绿色建筑（一星级、二星级）技术推荐目录》的通知（沪建市管 [2012]127 号）	2012-10-13	·略
	关于印发《上海市保障性住房环境绿化设计导则（试行）》和《上海市保障性住房基地内结构绿地设计导则（试行）》的通知（沪绿容 [2012]61 号）	2012-03-09	·设计技术要求 ·分类要求 ·成果要求
	关于印发《上海市保障性住房建设导则（试行）》的通知（沪建交联 [2010]1239）	2010-12-30	·规划与环境 ·住宅设计 ·综合配套 ·建筑节能与住宅装修 ·工程质量
	关于印发《关于上海市保障性住房阳台建设要求和面积计算方法的意见》的通知（沪建交联 [2010]569 号）	2010-06-17	·阳台设计要求与核算方法
	上海市城市规划管理局关于印发《关于加强本市保障性住房项目规划管理的若干意见》的通知（沪规法 [2008]756 号）	2008-09-17	·适用对象：廉租住房、经济适用性住房 ·容积率： ·外环内不超过 3.0 ~ 3.5 ·外环外不超过 2.5 ~ 3.0 ·绿地率：不低于 25% ·建筑密度：不超过 30% ·停车位：外环内 0.3 辆 / 户 ·外环外 0.4 辆 / 户

续表

类型	文件名	发布日	主要内容
保障性住房	上海市建设和交通委员会关于印发《上海市保障性住房建设技术要求暂行规定》的通知（沪建交 [2008]704 号）	2008-07-31	·适用对象：廉租住房、经济适用住房 ·选址、配建原则 ·日照 ·套型与面积 ·绿化和设施配套 ·停车位
	关于 2010 年上海市保障性住房质量专项检查情况的通报（沪建安质监 [2010]120 号）	2010-10-12	·总体情况 主要问题： ·施工质量问题 ·勘察设计质量问题 ·监理问题 ·经营行为 ·有关意见
	上海市人民政府办公厅关于进一步加强本市保障性安居工程建设和管理的意见（沪府办发 [2012]38 号）	2012-05-17	·有效期至 2017 年 3 月 31 日
	关于印发《上海市保障性住房建筑节能设计指导意见》的通知（沪建交联 [2014]9 号）	2014-01-03	·略
	关于加强本市保障性住宅工程质量管理的通知（沪建交联 [2010]869 号）	2010-09-20	·略
共有产权保障住房	关于印发《上海市保障性住房设计导则(经济适用住房)(试行)》的通知（沪建交联 [2011]118 号）	2011-01-31	·总平面设计 ·住宅设计 ·室内环境与装修
公共租赁住房	上海市保障性住房设计导则——公共租赁住房篇（试行）	2013	·总平面 ·建筑 ·节能与新能源、新技术 ·室内环境与装修 ·设备

续表

类型	文件名	发布日	主要内容
公共租赁住房	关于本市新建公共租赁住房实施室内装修的暂行意见（沪建交联[2011]398号）	2011-04-29	·至2013年4月底失效 ·空间配置标准 ·装修指导价格
廉租住房	关于印发《上海市廉租住房室内装修要求（修订）》的通知（沪房地资保[2008]706号）	2008-03-03	·装修标准： ·装修项目 ·材料与设备 ·施工单位 ·环境检测 ·监管部门

注：《上海市保障性住房设计导则——公共租赁住房篇（试行）》为内部版本，2013年组织编制，但并未正式公表试行。

　　比较上述保障性住房建设管理规定的主要方向，可以发现上海市保障性住房建设的技术支撑贯穿了小区规划、建筑设计、专项设计、施工质量等勘察设计各阶段，较为全面。但是，在建设类型方面主要针对的是"新建"住宅小区或住宅建筑单体，对那些旧有仓库、厂房等工业遗迹改造的公共租赁住房，旧住宅改造的廉租住房等的建设管理稍显不足。另外，保障性住房面积小，保障性住房小区规划相对普通商品住房小区来说，总户数、总人口相对较多，该小区配套公共建筑类型、面积规模等按照普通住区规划要求配置，可能就会出现一定出入，适宜做专门、深入的研究与规定。

　　（2）上海市普通集合住宅小区与住宅建筑物的建设管理规定

　　我国住房改革、房地产开发探索历时近30年，上海市作为全国经济发展最热点的城市之一，在城市集合住宅成片开发、建设技术管理等方面已经积累了大量的经验、教训，基于上述建设实践，围绕城市普通住宅小区规划、住宅建筑单体设计相关建设管理，出台了众多的技术标准、文件，已形成较为规范、系统、全面的住房建设技术支撑体系。保障性住房作为普通集合住房中一种特定面积标准、特定服务人群定位的住宅类型，首先也应该符合本地区普通集合住宅小区与住宅建筑建设管理的相关要求。

上海市相关机构发布的本地区现行普通住宅小区与住宅建筑建设管理相关技术支撑整理如下表 11-5 所示。其中包括住宅小区总平面规划、专项规划（含：道路交通规划、环境规划、管线综合竖向规划、生态规划等）以及住宅建筑、其他配套服务设施建筑（教育设施、行政管理设施、商业设施、设备设施等）单体设计的技术规范、标准。

表11-5 上海市普通住房相关建设管理规定

类型	文件名	发布日	主要内容
小区规划	上海市城市规划管理技术规定（土地使用、建筑管理）（2011修订版）（沪府令第 12 号）	2011-01	·建设用地的区划分类和适建范围 ·建筑容量控制指标 ·建筑间距 ·建筑物退让 ·建筑物高度和景观控制 ·建筑基地的绿地和停车
	上海市大型居住社区规划设计导则（试行）	2009-07	·功能布局 ·开发控制 ·道路交通 ·公共设施 ·空间特色 ·生态环境 ·规划实施
	上海市住房保障和房屋管理局关于加强新建住宅市政配套项目建设管理工作的若干意见（沪房管配 [2015]68 号）	2015-02-28	·略

续表

类型	文件名	发布日	主要内容
小区规划	上海市建设和交通委员会关于批准《城市居住地区和居住区共服务设施设置标准》为上海市工程建设规范的通知（沪建交[2006]131号）附件：城市居住地区和居住区公共服务设施设置标准（DGJ08-55-2006）	2006-03-03	·公共设施布局原则 ·设施要求 ·设置指标 ·旧区改造的差别配置原则 ·公益性设施实施原则
	上海市人民政府批转市规划局等六部门《关于加强社区公共服务设施规划和管理意见》的通知	2006-02-22	·略
	关于印发《上海市居住区绿化调整实施办法（试行）》的通知 附件：上海市居住区绿化调整技术规范（试行）	2006-05-15	·实施方法（略） ·技术规范： ·调整对象 ·树木调整措施
	《上海市新建住宅环境绿化建设导则》（沪住工[2001]214号）（2005年修订版）	2005	·规划导则 ·设计导则 ·施工导则 ·养护导则
	关于印发《上海市生态型住宅小区建设管理办法》的通知（沪住产[2003]026号）附件：上海市生态住宅小区技术实施细则	2003-01-29	·技术实施细则： ·小区环境规划设计 ·建筑节能 ·室内环境质量 ·小区水环境 ·材料与资源 ·固体废弃物收集与管理
	上海市新建住宅区生活垃圾管理暂行办法（沪容发规[2002]105号）	2002-05-28	·配建规定 ·日常运作和管理 ·分类投放 ·收集、处理、环保要求

续表

类型		文件名	发布日	主要内容
住宅建筑单体设计	建筑	住宅设计标准 （DGJ08-20-2013、J10090-2014） （2016 局部修订版）	2014-06-01	·总体设计 ·套型、公共部位设计 ·物理环境性能设计 ·构配件设计 ·技术经济指标 ·结构、给水排水、燃气、电气、智能设计
		关于印发《上海市建筑面积计算规划管理暂行规定》的通知（沪规土资法 [2011]678 号）	2011-08-25	·略
		关于印发《容积率计算规则暂行规定》的通知 （沪规法 [2004]306 号）	2004-04-02	·略
	装修	全装修住宅室内装修设计标准 （DG/TJ08-2178-2015、J13187-2015）	2015-07-28	·略
		住宅装饰装修验收标准 （DB31/30-2003）	2003-12-18	·给水排水管道、电气、抹灰、镶贴、木制品、门窗、吊顶与分隔、花饰、涂装、裱糊、卫浴设备 ·室内空气质量 ·质量验收及判定 ·装修质量保证
	结构	装配整体式混凝土住宅体系设计规程（DG/TJ08-2071-2010、J11660-2010）	2010-05-28	·略
		装配整体式住宅混凝土构件制作、施工及适量验收规程（DG/TJ08-2069-2010、J11578-2010）	2010-01-20	·略
		装配整体式混凝土结构施工及质量验收规范（DG/TJ08-2117-2012、J12259-2013）	2013-02-18	·略
		装配整体式混凝土住宅构造节点图集 2013 沪（JZ-901、DBJT08-116-2013）	2013-05-15	·略

续表

类型		文件名	发布日	主要内容
住宅建筑单体设计	暖通	居住建筑节能设计标准（DGJ 08-205-2015、J10044-2015）	2015-12-30	·室内热环境计算参数 ·建筑、维护结构热工节能 ·维护结构热工性能 ·供暖、空调和通风节能
	强弱电	住宅建筑通信配套工程技术规范（DG/TJ08-606-2011、J10334-2011）	2011-06-21	·略
		住宅小区安全技术防范系统要求2010版（DB31/294-2010）	2010-05-01	·略
	绿色生态	住宅建筑绿色设计标准（DGJ08-2139-2014、J12621-2014）	2014-05-09	·绿色设计策划 ·场地规划与室外环境 ·建筑设计与室内环境 ·结构设计 ·给排水设计 ·供暖、通风和空调设计 ·电气设计
	性能评价	工业化住宅建筑评价标准（DG/TJ08-2198-2016、J13369-2016）	2016-02-29	·略
		关于印发《住宅性能评定技术标准上海地区评分细则（试行）》的通知	2006-09-20	·略
教育设施		中小学校及幼儿园教室照明设计规范（DB31/539-2011）	2011-08-01	·略
		上海市《普通中小学校建设标准》（DG/TJ08-12-2004）	2004-05-10	·规模、布局、选址与规划 ·用地面积指标 ·建筑面积指标 ·校舍主要建筑标准
		上海市《普通幼儿园建设标准》（DG/TJ08-45-2005）	2005-04-01	·规模、布局、选址与总平面 ·用地面积指标 ·建筑面积指标 ·园舍主要建筑标准

类型	文件名	发布日	主要内容
老龄设施	上海市民政局关于转发上海市建设委员会《关于批准〈养老设施建筑设计标准〉(DGJ08-82-2000)为上海市工程建设规范的通知》(沪建建(2000)第0047号)的通知(沪民事发[2000]11号)	2000-04-11 (2000-01-24)	·养老设施设置 ·总平面 ·用房及面积标准 ·性能标准 ·使用标准 ·设备标准 ·设施标准
	上海无障碍设施设计标准(DGJ-08-103-2003)	2003-08-13	·略
商业设施	社区商业设置规范(DB31/T380-2007)	2007-04-06	要求: ·与住宅间距不小于50m ·配建面积:社区商业中心不少于人均0.7m²;居住小区商业不少于人均0.45m²;街坊商业不少于人均0.15m²;调整和改造社区最大折减20% ·车位配置 ·分级和指标 ·功能和业态组合
	菜市场设置与管理规范(DB31/T344-2005)	2005-04-25	·场地要求 ·出入口2个,主入口宽大于4m ·面积大于1000m² ·层高大于4.2m,主通道大于3m ·设备设施 ·场内布局、商品陈列与销售 ·商品准入、包装、卫生 ·管理要求
停车库(场)	建筑工程交通设计及停车库(场)设置标准(DGJ08-7-2006、J10716-2006)(2014版)	2005-12-22	·略
施工监理	上海市建设工程监理管理办法(沪府令72号)	2011-12-01	·略

续表

类型	文件名	发布日	主要内容
竣工交付	上海市新建住宅交付使用许可规定（2010年修正）	2010-09-17	·略
	关于印发《"上海市新建住宅交付使用许可规定"实施细则》的通知	2009-10-26	·略

注：《上海市大型居住社区规划设计导则（试行）》为上海市规划和国土资源管理局于2009年7月编制的内部设计导则（试行），暂未正式公表。

将现行上海市保障性住房建设管理相关技术标准、文件与现行上海市普通商品住房建设管理相关技术标准、文件相比较，可以发现：上海市围绕保障性住房建设（主要为"新建"）技术支持所做出的各项技术标准、文件等相关规定，覆盖了上海市普通商品住房建设中相关技术标准、文件的如下方面。

1）上海市城市普通商品住房居住小区规划的主要经济技术指标要求（包括阳台面积、住宅建筑面积核算方法等）。

2）上海市普通商品住房居住小区绿地、绿化要求。

3）上海市普通商品住房绿色、节能要求。

4）上海市普通商品住房设计标准等。

它们在技术支持的覆盖范围，技术文件的编制配套、深度等方面，尚存在某些缺漏项，例如如下内容。

1）上海市保障性住房居住区、居住小区的公共服务设施配套要求，细分不同保障性住房类型、不同城市区位、不同小区容积率、用地规模等。

2）上海市保障性住房的廉租住房"新建"设计标准。

3）上海市保障性住房建设与目前国家大力推行的"建筑产业化"、

"工业化"、"装配化"、"部品化"等要求的契合技术要求等 ①。

所谓"革命尚未成功，同志仍需努力"。

4. 运营与维护管理（物业管理）

我国普通商品住宅物业管理伴随着房地产开发的发展，绝大多数是以住宅小区为单位的。它起始于公有住房改革深化的 21 世纪初期，发展历史并不悠久，经验积累也并不丰富。

从上海市普通住宅物业管理相关政策、法规的发展来看，上海市住宅物业的相关管理经历了一个明显的修订、完善的过程（表11-6）。这种完善体现在如下几个方面：

1）针对甲方：对业主、业主大会管理行为的约定，如《业主大会议事规则》《管理规约》《专项维修资金管理规约》等。

2）针对乙方：对物业管理公司提供物业管理服务的约定，如对物业管理公司物管服务内容、质量等的管理条例。

3）针对固定资产：对私人物业、资产的私人使用行为（涉公共部分）的约定，对公共物业、公共使用资产的约定。

4）针对维护工程：对物业维护工程的维护行为（定期维修、紧急维修、普通维修等）的约定，如责任、范围、资金、技术等。

5）针对责任处理：相关法律处罚等。

从目前上海市物业管理政策与法规的制定情况来看，规约框架的覆盖范围较广，高屋建瓴。但是，在落实深度、管理实施细则等方面，则仍存在大量可深入挖掘之处。

---

① 我国科技部"十三五"重大科研计划中即包括"工业化建筑和绿色建筑"，大力推行"建筑产业化"。保障性住房作为国家投资且大量建设的住宅项目，应以此为契机，成为推广建筑产业进步的主要项目实践平台与基地。因此，保障性住房与建筑工业化的相互契合，也应作为保障性住房建设技术支撑中的专项技术规定之一。

表11-6 上海市普通住宅小区运营、维护管理规定

类型	内容	文件名	发布日	主要内容
普通商品住房	运营管理	上海市人民政府批转市住房城乡建设管理委关于进一步贯彻实施《上海市住宅物业管理规定》若干意见的通知（沪府发 [2016]94 号）	2016-11-08	· 有效期至 2021 年 9 月 30 日 · 部门、单位的职责分工 · 物业管理区域 · 业主大会、业主委员会 · 物业服务项目经理的管理 · 物业管理用房的确认 · 物业服务收费 · 维修资金的补进和再筹集 · 物业的自行管理 · 物业的检测、鉴定与维护
		关于修订并重新发布《关于从严控制在住宅小区开设餐饮、娱乐类项目的规划管理意见》的通知（沪规土资建规 [2015]264 号）	2015-04-30	· 有效期至 2020 年 4 月 30 日 · 控制在住宅小区开设餐饮、娱乐类项目
		上海市住宅物业管理规定（上海市人民代表大会常务委员会公告第 31 号）	2010-12-23	· 业主及业主大会 · 物业管理服务 · 物业使用与维护 · 法律责任
		上海市房屋土地资源管理局关于印发《业主大会议事规则》、《临时管理规约》、《管理规约》、《专项维修资金管理规约》示范文本的通知	2008-06-25	· 略
		上海市住宅物业管理区域机动车停放管理暂行规定	2004-09-16	· 略
		上海市居住房屋租赁管理办法（2011 年 7 月 7 日令第 68 号公布）	2011-07-07	· 略
	资金管理	关于加强物业定期维修、紧急维修以及维修资金管理若干问题的通知	2011-10-17	· 责任界定 · 范围界定 · 维修工程项目的程序 · 维修费用列支 · 工程审价制度的实施 · 财务审计制度的实施

类型	内容	文件名	发布日	主要内容
普通商品住房	资金管理	上海市住宅物业服务分等收费管理暂行办法	2005-06-13	·略
		上海市关于实施《上海市商品住宅维修基金管理办法》若干问题	2002-08-02	·略
		上海市商品住宅维修基金管理办法	2000-10-12	·略
	维护管理	关于本市住宅修缮工程实施和加强标准化管理的通知（沪房管修 [2015]6 号）	2015-01-06	·程序管理标准化 ·技术规范标准化 ·承发包管理标准化 ·施工现场管理标准化 ·群众工作标准化
		上海市人民政府办公厅关于转发市住房保障房屋管理局、市建设交通委制订的《上海市住宅修缮工程管理办法》的通知（沪府办发 [2013]69 号）	2013-12-16	·工程实施管理要求 ·工程建设管理要求 ·群众工作要求 ·监督管理
		房屋修缮工程技术规程（DG/TJ08-207-2008）	2008-02-29	·房屋安全使用检查： ·房屋完损状况检查内容 ·房屋结构完好性检查内容 ·检查周期 ·房屋修缮： ·修缮查勘、设计 ·屋面、外立面修缮 ·承重构件修缮 ·室内装修修缮 ·电、水及其设备修缮 ·小区其他设施设备修缮 ·质量验收
		上海市住宅修缮质量验收技术导则	2012-07-20	·略
	改造拆除	关于贯彻实施《上海市旧住房综合改造管理暂行办法》有关问题的通知	2006-07-03	·略

续表

类型	内容	文件名	发布日	主要内容
普通商品住房	改造拆除	关于批转市房地资源局、市规划局制订的上海市旧住房综合改造管理暂行办法的通知	2005-12-25	·略
保障性住房				

注：（1）本表仅列出上海市现行普通商品住房和保障性住房小区及住宅建筑物业管理的主要相关管理规定及技术标准。补丁性"通知"暂未纳入本表。

（2）目前上海市尚未出台保障性住房（廉租住房、共有产权住房、公共租赁住房）专属物业管理相关规定。

　　仅仅以上海市普通住宅日常维修、养护的制度设立及其相关技术支撑体系为例，同全国其他城市住宅物管中存在的问题大同小异，上海也存在着"重维修，轻养护"的问题。同时在定期维护的制度建设，定期维护体系的科学性、技术性，还是定期维护的相关技术支撑等方面，均存在管理法规缺位、技术标准不清等问题。从根本上来讲，就是对住宅及其附属固定资产的维修、养护意识普遍淡薄，在住宅长寿命管理的制度设定上存在严重的偏颇和缺陷，首先从认识上就需要学习国外先进经验，亟待自我改进。

　　住宅资产的物业管理技术不仅是上海地区，也是全国住宅建设、运营中的短板。保障性住房（实物配置）由于房源、持有方式等的特殊性，在物业管理方式、技术上不能全部等同于城市普通商品住宅小区及住宅建筑的处理。遗憾的是，迄今为止（2017年5月），即使是在住房保障制度建设较为全面、完善的上海地区，根据廉租住房、共有产权住房、公共租赁住房小区及住房建筑的不同特性[①]，其物业

---

① 上海市依据保障性住房类型的不同，目前其物业管理方式如下：廉租住房：零散分布在各城市普通商品住宅小区中，物业管理归属所在小区；共有产权住房：按照"大分散，小集中"的原则，组成专门小区，集中物业管理，同城市普通商品住宅小区；公共租赁住房：专门运营机构（或公司）自持物业，自行管理，管理与技术体系尚待实践总结。

管理制度、技术支撑体系等均尚待进一步实践总结和建立健全。

5. 土地、资金、税收、房源等方面的经济优惠政策

由于住房保障采用的是政府动用公共资源进行补贴的惠民方式，在经济方面的各项优惠政策即为各国、各地方实施具体保障政策的基础。上海市在住房保障实物建设、运营及租金补贴方面的相关经济优惠政策整理如表 11-7 所示。

表11-7 上海市保障性住房建设、运营相关优惠经济政策

类型	文件名	发布日	主要内容
共有产权住房	上海市共有产权保障住房管理办法（2016年沪府令39号）	2016-03-16	·土地供应：年度用地指标，优先供应 ·用地选址：在交通便捷、设施齐全区域优先安排 ·建设方式：单独选址、集中建设；商品住宅项目中配建 ·支持政策： ·用地供应为行政划拨 ·免收行政事业费与基础设施配套费等政府性基金 ·免收民防工程建设费 ·土地使用权可贷款抵押 ·可取得公积金贷款、政策性融资支持及贷款利率优惠 ·税收优惠 ·其他优惠支持政策
	关于印发《上海市共有产权保障住房价格管理办法》的通知（沪发改价督[2016]4号）	2016-07-12	·价格制定： ·结算价格构成和确定 ·销售基准价格确定 ·购房人产权份额 ·单套销售价格的计算 ·审批程序
公共租赁住房	上海市关于对本市公共租赁住房免收城市基础设施配套费的通知（沪房管财[2014]337号）	2014-11-17	·略

续表

类型	文件名	发布日	主要内容
公共租赁住房	上海市公积金中心公共租赁住房租赁价格管理办法（试行）（沪公积金[2014]26号）	2014-05-23	·有效至2016年 ·定价原则： ·市场评估原则 ·略低于市场价格原则 ·一房一价 ·价格执行年度：4月1日~次年3月31日
	上海市人民政府关于批转市住房保障房屋管理局等六部门制订的《本市发展公共租赁住房的实施意见》的通知（沪府发[2010]32号）	2010-09-04	·房源筹集： ·城市改造等大型社区项目 ·保障性住房批准转化 ·利用农村集体建设用地 ·闲置非居住用房的改造 ·收购或经租闲置存量住房 ·政策支持： ·减免行政事业费和政府基金 ·用地采用出让、租赁或作价入股等方式有偿使用 ·市和区政府入股运营机构 ·市和区政府给予资金支持 ·税收按相关优惠政策执行 ·增加容积率和建筑密度 ·增加部分商业等经营设施 ·设施收费按居住类执行
	上海市公积金管理中心关于印发《〈关于进一步放宽本市提取住房公积金支付房租条件的通知〉操作细则（试行）》的通知（沪公积金[2015]31号）	2015-04-24	·略
	上海市公积金管理中心关于印发《上海市委托提取住房公积金支付公共租赁住房租金操作办法（试行）》的通知（沪公积金[2014]22号）	2014-04-25	·略

类型	文件名	发布日	主要内容
廉租住房	上海市人民政府关于批转市房地资源局制订的《上海市城镇廉租住房试行办法》的通知（沪府发[2000]41号）	2000-09-05	·资金渠道： ·市和区政府专项资金 ·住房公积金部分增值资金 ·直管公房出售后的部分净归集资金 ·社会捐赠和其他

注：（1）公积金作为我国住房保障中住房"货币补贴"的重要形式，是我国住房供给政策中极其重要的组成部分，它的设置与发展伴随着我国住房制度改革的全过程。因本书研究对象主要是保障性住房实物建设、维护的技术支撑，因此，针对有关"住房公积金"相关规定的讨论不再在本书、本表中列举、赘述。

（2）廉租住房的保障方式除了"实物补贴"，还有"租金补贴"。为了全面掌握上海市住房保障的资金情况，将其相关内容列入本表。

住房保障的经济政策是各地乃至各国确保住房保障制度顺畅运行的根本基础，也是衡量各地、各国实施居住保障、社会福祉程度的基本尺度。上海市作为全国经济最发达地区的城市代表，基本体现了我国非政治中心地区可能实施住房保障的较高水平。

但是，从上海市迄今为止发布的各类保障性住房相关政策文件来看，上海市目前在共有产权住房（含经济适用性住房）建设、运营的经济政策上相对较为明确、完善，在公共租赁住房、廉租住房方面则尚有较多可以提升的空间。

进一步地从所颁布法规的具体内容上来看，上海市目前对共有产权住房（含经济适用性住房）建设施工方确实有诸多用地优先以及减免税、费、贷款优惠等经济鼓励政策。但是在共有产权住房价格制定上实行的是"双轨制"运行机制，具体如下①。

---

① 来源：上海市发展和改革委员会、上海市住房和城乡建设管理委员会关于印发《上海市共有产权保障住房价格管理办法》的通知（沪发改价督[2016]4号）（发布日：2016年7月12日）. https://www.cc362.com/content/2xp20gZd1e.html.

（1）结算价格

房地产开发企业实施开发建设的共有产权保障住房项目结算价格以保本微利为原则。结算价格由开发建设成本、利润和税金构成。

利润按不超过土地取得费用、开发前期费用、建筑安装费、基础设施和配套设施建设费以及其他成本费用之和的 3% 计算。

减免、经营性设施费用等不计入结算价格。

（2）销售基准价格

共有产权保障住房销售基准价格计算公式为：

销售基准价格 = 周边房价 × 折扣系数

购房人产权份额：

参照共有产权保障住房销售基准价格占周边房价的比例予以合理折让后确定，计算公式为

购房人产权份额 = 销售基准价格 /（周边房价 ×90%）

（3）单套销售价格

单套销售价格，按照销售基准价格和上下浮动幅度确定。

单套房的上下浮动幅度，根据楼层、朝向、位置来确定。

上下浮动幅度不得超过 ±10%

以单套销售价格计算的项目住房销售总额，应与以销售基准价格计算的项目住房销售总额相等。

上海市居民购置共有产权住房（含经济适用性住房）的单套销售价格仅仅和周边普通商品住宅小区住房市场价格有关，而与共有产权住房建设的结算价格无关。也就是说，购房居民出资程度与上海市政府给予该类住房建设所提供的政策优惠无关。

而且，购房居民所享有的该共有产权住房产权份额为"销售基准价格 /（周边房价 ×90%）"，假如一旦新房交易，"销售基准价格"固定，那么，居民住房产权权益会随着周边社区交通、设施、

环境日益成熟，普通二手商品住房价格上升，而在若干年允许共有产权住房（含经济适用性住房）买卖后，所有产权权益份额发生下降。

因此，上海市对共有产权住房（含经济适用性住房）实施的各种经济优惠政策或措施是否真正落实、施惠于上海市中、低收入住房困难人群身上，"取之于民，用之于民"，值得人们做进一步的反思。

四、上海市保障性住房（新建）勘察设计体系

如上节所示，上海市普通商品住房、保障性住房建设（新建）涉及的国家、地方性工程技术标准很多，因篇幅所限，我们无法一一具体比较、连篇赘述。本节仅围绕两类住宅在总体、建筑、装修设计上的标准差异进行比对（表11-8）。

比较上表内容，可发现上海市普通商品住房与保障性住房，即共有产权住房（含经济适用性住房）、公共租赁住房（成套），它们在上述各类住房住区规划、绿化环境、建筑单体设计标准上，存在着如下一些方面的异同。

1. 相同点

在上述各类住宅小区及住宅单体的规划、设计要求中，对"消防"、"疏散"的"安全"要求未发生任何变化，这是一个基本原则问题。

在任何国家，消防、疏散规定都是涉及人身、建筑物、财产安全的根本性问题，需要"规制严守"。但是，从另一方面看，较高的消防安全要求又会带来建造成本的大幅提高，以及建筑使用功效的相应降低，因此，又需要审慎研究，合理制定。这确实是个"忠、孝"不太好"两全"的问题。虽然，住宅建筑相比公共建筑在标准层面积、人数上相对较少，因此，在消防、疏散设置方面相对要求稍低，但是，

仍对防火分区、防火墙、门窗洞口设置，特别是在楼电梯、前室、公共走道、通廊等的净空、形式、设置方式等方面均有着系列严格要求。

表11-8　上海市普通商品住宅与保障性住房主要设计标准

内容	普通商品住房[①]	保障性住房[②]	共有产权住房[③]（经济适用性住房）	公共租赁住房（成套）[④]
总体平面	• 机动车位： ≥ 0.6 辆 / 套（外环线内）； ≥ 0.72 辆 / 套（外环线外）	• 经济适用住房和动迁安置房非机动车位不低于1.2辆/户； • 公共租赁住房、廉租房可提高非机动车比例	• 机动车位： 0.3辆/套（外环线内）； 0.4辆/套（外环线外） • 非机动车位： ≥ 1.2 辆 / 户	• 机动车位： 0.3辆/套（外环线内）； 0.4辆/套（外环线外） • 非机动车位： 1.2 辆 / 套
	• 集中绿地率 ≥ 10% 总用地； • 绿地率 ≥ 35%；	• 绿地率： 中心城区内 ≥ 20%； 中心城区外 ≥ 25%； • 集中绿地率不作限定	• 绿地率： 中心城区内 ≥ 20%； 中心城区外 ≥ 25%； • 集中绿地率不作限定	
		• 小区路（双车道）路幅宽宜为7m； • 组团路（单车道）路幅宽宜为5m； • 宅间路路幅宽宜为3m		

① 来源：上海市《住宅设计标准》DGJ08-20-2013、J10090-2014（2016局部修订版）.
上海市规划和国土资源管理局. 上海市城市规划管理技术规定（土地使用建筑管理）（2011修订版）（2003年10月18日上海市人民政府令第12号发布，根据2010年12月20日上海市人民政府令第52号公布的《上海市人民政府关于修改〈上海市农机事故处理暂行规定〉等148件市政府规章的决定》修正并重新公布），2011.
上海市绿化管理局，上海市房屋土地资源管理局关于《上海市新建住宅环境绿化建设导则》（2005年修订版）的印发通知（沪建工[2005]214号），2005.
上海市建设和交通委员会关于批准《城市居住地区和居住区共服务设施设置标准》为上海市工程建设规范的通知（沪建交[2006]131号）（附件：城市居住地区和居住区公共服务设施设置标准（DGJ08-55-2006）），2006.
② 来源：关于印发《上海市保障性住房建设导则（试行）》的通知（沪建交联[2010]1239）.
③ 来源：关于印发《上海市保障性住房设计导则（经济适用住房篇）（试行）》的通知（沪建交联[2011]118号）.
④ 来源：上海市保障性住房设计导则—公共租赁住房篇（试行）

内容	普通商品住房 [①]	保障性住房 [②]	共有产权住房 [③]（经济适用性住房）	公共租赁住房（成套）[④]
总体平面	• 绿化覆盖率 >50%； • 垂直绿化达总绿地面积 20%； • 可活动绿地面积 ≥30%总绿地面积； • 道路地坪面积 ≤15%总绿地面积； • 硬质小品面积 ≤5%总绿地面积； • 绿化种植面积≥70%总绿地面积	• 绿化环境应植物为主； • 道路地坪面积 ≤15%总绿地面积； • 硬质小品面积 ≤5%总绿地面积		• 绿化环境宜植物为主
	• 公共服务设施总用地，小区级人均用地面积2.6～3.0m²； • 小区级设置内容：文化、体育、教育、医疗、商业、社区服务、市政公用			• 可不设业委会用房； • 增加物业管理、招待所、食堂（餐饮）、便利店、洗衣房、活动室、健身房等配置； • 其他配套面积可减少
建筑				• 主要服务于2～3人家庭； • 同住栋中不应同时设成套住宅和宿舍
		• 应以高层住宅为主	• 应节能、节地； • 应以高层住宅为主； • 可选择单元式、塔式或通廊式等住宅类型	
		• 宜采用多套组合单元	• 单元式多层应采用2户组合单元； • 高层应采用多套组合单元	
			• 高层套型日照标准少量可降低； • 有1个居住空间能获得冬至日满窗日照1h； • 房源用于租赁	• 高层住宅90%以上套型有1个居住空间能获得冬至日满窗日照1h； • 中心城区内改建住宅日照标准可降低

续表

内容	普通商品住房 ①	保障性住房 ②	共有产权住房 ③ （经济适用性住房）	公共租赁住房 （成套）④
套型	• 套型：卧室、起居室、厨房、卫生间、贮藏室或壁橱（小套因地制宜）、阳台或阳光室等	• 套型：卧室、起居室（厅）或卧室兼起居室、厨房、卫生间、阳台等	• 套型：卧室、起居室（厅）、厨房、卫生间、阳台（生活、服务阳台）等 • 宜设壁柜	• 套型：卧室、厨房、卫生间、阳台以及起居、就餐、储藏等； • 起居、卧室可组合； • 就餐、起居可组合； • 就餐、厨房可组合
	• 建筑面积/居住空间数： 小套<60m²/2个； 中套60~90m²/3个； 大套>90m²/4~5个	• 套型建筑面积/可分居住空间数： 经济适用性住房<50m²、65m²左右、<80m²，中心城区外1~4个，中心城区内1~3个； 公共租赁住房40~50m²、<60m²，1~3个； 廉租住房1~2个	• 套型建筑面积/可分居住空间数： 中心城区外1~4个，套内建筑面积40、54、63m²； 中心城区内1~3个，套内建筑面积35、44m²	• 套型建筑面积/可分居住空间数： 中心城区外1~3个，套型建筑面积35、50、60m²； 中心城区内40~50m²、60m²
	• 自然通风开口面积： 卧室、起居室，低多层为地板面积1/15，中高层为地板面积1/20； 厨房，地板面积1/10，且>0.6m²； 卫生间，地板面积1/20		• 自然通风开口面积： 卧室、起居室，低多层为地板面积1/15；高中层为地板面积1/20； 厨房，地板面积1/10，且>0.6m²； 卫生间，地板面积1/20	• 燃气厨房或厨房兼餐厅应有直接采光； • 自然通风开口面积应为地板面积1/10，且>0.6m²
		• 室外空调机不得占用阳台空间	• 室外空调机不得占用阳台空间	
层高	• 宜2.80m，≤3.6m			• 应为2.70~2.80m
净高	• 净高： 卧室、起居室≥2.50m； 厨房、卫生间≥2.50m； 储藏室≥2.20m			• 净高： 卧室、起居室≥2.40m

内容	普通商品住房 [1]	保障性住房 [2]	共有产权住房 [3]（经济适用性住房）	公共租赁住房（成套）[4]
卧室	• 使用面积： 双人：> 10m²； 单人：> 6m²； • 面宽（轴线） 双人≥ 3.30m； 单人≥ 2.40m		• 使用面积： 单人：6 ~ 8m²； 双人：10 ~ 12m²； • 净面宽宜 单人：2.20 ~ 2.50m； 双人：3.25m	• 使用面积： 双人卧室 10m²； 双人卧室兼起居13m²； 单人卧室 6m²； 单人卧室兼起居 11m²
起居室	• 使用面积： 小中套≥ 12m²； 大套≥ 14m²； • 面宽（轴线）：3.60 ~ 4.20m； • 至少一侧墙面直线长度应≥ 3.00m		• 使用面积 11 ~ 12m²； • 面宽净距≥ 3.00m； • 至少一侧墙面直线长度应≥ 3.00m	
卧室兼起居室			• 面宽净距 3.20 ~ 3.25 m； • 双人卧室兼起居使用面积：15 ~ 17m²； • 单人卧室兼起居使用面积：12 ~ 13m²	
餐厅			• 居住空间数≥ 3 个时，卧室不应兼餐厅； • 餐厅可为过道厅； • 居住空间数： 1 ~ 2 个，应 3 人就餐； 3 个，应 4 人就餐； 4 个，应 5 人就餐	
			• 无直接采光餐厅（过道厅）使用面积应≤ 10m²； • 北向居室、卫生间、厨房间不应设凸窗； • 南向居室设凸窗时应符合设置要求	• 无直接采光的餐厅、过厅使用面积宜≤ 10m²

续表

内容	普通商品住房 ①	保障性住房 ②	共有产权住房 ③ （经济适用性住房）	公共租赁住房 （成套）④
厨房			• 应配置洗涤池、灶台、操作台，并预留冰箱及排油烟机、热水器等	• 应满足洗涤池、灶台、操作台、排油烟机、热水器等
				• 燃气厨房应为可封闭； • 设有燃气泄漏报警切断保护装置，此空间可与餐厅、过道合并
	• 使用面积： 　小套≥4.0m²； 　中套≥5.0m²； 　大套≥5.5m²		• 使用面积： 　1~2个居住空间≥4.0m² 　3~4个居住空间≥4.5m²	• 厨房区域使用面积应≥3.0m²
	• 厨房窗户： 　低、多层朝外； 　中高层、高层可开向公共走廊		• 厨房窗户： 　中高层、高层宜直接对外采光、通风； 　中高层、高层可开向公共走廊	
	• 厨房排烟道： 　中高层、高层应设置垂直排烟道		• 煤气、天然气厨房应设直通室外排油烟道； • 中高层、高层应设垂直排烟系统	• 厨房区域应设直通室外排油烟道； • 中高层、高层应设垂直排烟道
	• 操作面净长应≥2.10m		• 操作面净长应≥2.40m	• 操作面净长应≥2.10m
	• 厨房净空 　单排≥1.50m； 　双排≥2.10m		• 操作台深度≥0.55m，宜0.60m； • 操作活动空间净宽 　Ⅰ、L、Ⅱ型≥0.90m； 　U型≥1.20m	• 操作台深度≥0.55m； • 操作活动空间净宽≥0.90m
卫生间	• 使用面积至少1间≥3.50m²		• 使用面积： 　设淋浴盆应2.9~3.1m²； 　设浴缸应2.9~3.6m²	• 应配置冲淋（或浴缸）、座便、盥洗盆； • 使用面积宜3.0m²左右

内容	普通商品住房[①]	保障性住房[②]	共有产权住房[③]（经济适用性住房）	公共租赁住房（成套）[④]
卫生间			• 宜有直接采光、通风； • 无直接通风窗口的应有通风换气措施	• 宜有直接采光、通风； • 无直接通风窗口的应有通风换气措施
			• 优选同层排水系统	
	• 门不应开向起居室、餐厅或厨房		• 门不应直接开向起居室（厅）、厨房	• 门不应直接开向厨房或厨房区域
	• 不应设在下层住户厨房、卧室、起居室和餐厅上面		• 不应设在下层住户厨房、卧室、起居室（厅）上面	
储藏空间	• 使用面积： 中套≥0.48m²，进深≥0.60m，净宽≥0.80m； 大套≥1.50m²			• 应设壁橱等储藏空间，净深应≥0.55m，净宽应≥0.80m
套内过道	• 套内过道净宽： 通出入口≥1.20m； 通向起居、卧室≥1.0m； 通向卫生间、厨房、储藏室≥0.90m			
	• 户室最远点至户门距离宜≤20m			
阳台 阳光室 凹口	• 净深： 阳台≥1.30m； 阳光室≥1.50m； 凹口≥1.80m； • 深度与宽度比宜<2		• 可分设生活、服务阳台； • 生活阳台应为封闭型，净深≥1.30m，封闭生活阳台、阳光室净深≥1.60m； • 服务阳台要考虑洗衣机、污水池、热水器，净深≥0.90m，优选1.20m，建筑面积≤3.0m²	• 生活阳台可封闭、开敞，进深≥1.30m，建筑面积≤5.0m²； • 服务阳台进深≥0.90，建筑面积≤3.0m²

续表

内容	普通商品住房①	保障性住房②	共有产权住房③ （经济适用性住房）	公共租赁住房 （成套）④
阳台 阳光室 凹口	• 栏杆、栏板高度： 　低多层≥1.05m； 　中高层、高层 　≥1.10m； 　100m及以上应封闭			
	• 栏杆垂直杆件间净 　距≤0.11m			
	• 顶层阳台应设深度 　不小于阳台尺寸的 　雨罩			
	• 阳台、雨罩有组织 　排水 • 屋面排水管不应设 　在封闭阳台内			
楼梯	• 消防、疏散			
	• 低层、多层、中高 　层应设开敞楼梯间； • 10层、11层通廊 　式应设封闭楼梯 　间； • 12层及以上通廊式 　应设防烟楼梯间； • 18层以上塔式应设 　防烟楼梯间			
	• 除低层外，住宅楼 　梯间或前室应靠外 　墙设置			
	• 18层以上塔式仅 　防烟楼梯间前室设 　可开启外窗时，楼 　梯间顶部应设百叶 　窗，其有效面积 　≥1.5m²			

续表

内容	普通商品住房①	保障性住房②	共有产权住房③ （经济适用性住房）	公共租赁住房 （成套）④
楼梯	•高层住宅至少应有一个楼梯通至屋顶； •单元式住宅各单元楼梯间宜在屋顶相连通			
	•剪刀楼梯设置应符合若干规定（详略）			
	•住宅楼梯应设扶手			
	•楼梯段净宽： 低、多层≥1.00m； 中高层、高层≥1.10m； •楼梯平台净深≥梯段净宽，且≥1.20m； •楼梯开间为2.40m时，平台净深≥1.30m			
电梯	•住户入口层绝对标高≥16m时，应设电梯			
	•12层及以上应设电梯≥2台； •且1台电梯轿厢长边≥1.60m		•12层及以上单元式每幢楼应设电梯≥2台	
走廊	•18层以上塔式、每单元设有2个防烟楼梯间单元式住宅，当每层超过6套，或短走道上超过3套时，应设环绕电梯或楼梯的走道			

内容	普通商品住房 ①	保障性住房 ②	共有产权住房 ③ （经济适用性住房）	公共租赁住房 （成套）④
走廊	• 单元与单元间连廊：18 层以上单元式，当每单元设 1 个防烟楼梯时，应在 18 层以上部分用阳台或凹廊连通每层相邻单元楼梯；12 层及以上单元式，当每单元设 1 台电梯时，应在 12 层设连廊，并在以上层每三层相邻单元的走道、前室或楼梯平台设连廊			
	• 跃廊式高层住宅共用走道联系的层数不应超过 2 层； • 跃廊式住宅户门外楼梯应按其层高的 2 倍计入走道疏散距离			
	• 通廊式住宅户门至最近楼梯间门应 ≤ 20m			
	• 设防烟前室高层住宅开向前室户门不应超过 3 套； • 18 层以上住宅楼梯间无可开启外窗，户门不应开向前室			

内容	普通商品住房 ①	保障性住房 ②	共有产权住房 ③ （经济适用性住房）	公共租赁住房 （成套）④
管道井	• 不设垃圾管道			
	• 除煤气管道井外，其他管道井检修门可设在前室或楼梯间内			
出入口	• 有电梯住宅出入口应设坡道			
	• 无电梯住宅应按出入口总数 10% 设坡道			
	• 住宅出入口应设信报箱或信报间、信报柜			
公共用房	• 不应设置有噪声、废气污染的商业设施			
	• 严禁设置存放和使用易燃易爆化学物品的商店、车间和仓库			
	• 营业场所、底层商业入口、楼梯应与住宅分设			
	• 居住区域内地下车库楼梯可借用住宅楼梯，但通向住宅楼梯间门应为甲级防火门			

续表

内容	普通商品住房①	保障性住房②	共有产权住房③ （经济适用性住房）	公共租赁住房 （成套）④
层数折算	• 一层或若干层层高超过 3m 时，应对这些层总高除以 3m 进行折算			
避难层（区）	• 总高度超过 100m，应设避难层（区）（详略）			

注：上表中涉及的主要上海市建筑工程标准包括：《上海市城市规划管理技术规定（土地使用 建筑管理）》（2011修订版），上海市绿化管理局、上海市房屋土地资源管理局关于《上海市新建住宅环境绿化建设导则》（2005年修订版）的印发通知（沪绿工[2005]214号），上海市建设和交通委员会关于批准《城市居住地区和居住区共服务设施设置标准》为上海市工程建设规范的通知（沪建交[2006]131号），上海市《住宅设计标准》（DGJ08-20-2013、J10090-2014）（2016局部修订版），关于印发《上海市保障性住房建设导则（试行）》的通知（沪建交联[2010]1239），关于印发《上海市保障性住房设计导则（经济适用住房篇）（试行）》的通知（沪建交联[2011]118号），上海市保障性住房设计导则—公共租赁住房篇（试行）。

值得注意的是，我国住宅单体设计在进入 21 世纪后出现了大户型的倾向，即标准层或标准单元的户型面积相对较大，标准层或标准单元户数相对减少①。而且，这种变化是伴随着住宅建筑物高层化趋势同时发展的。因此，在高层住宅、特别是超过 100m（30 层以上）高层住宅消防、疏散设计上并未出现非常跨越式的差异变化。

保障性住房服务家庭对象，特别是套型面积标准与普通商品住房存在一定差别。从设置经济性上来考虑，与普通商品住房相比，同一标准层或标准单元面积，配置同等建筑面积的公共交通疏散空

---

① 在 20 世纪末 21 世纪初，曾为了提高容积率和使用系数，在北京、上海等地出现高层通廊式住宅形式。但随着套型建筑面积标准的提高，住宅性能提升，这种类"板式"住宅逐渐被小进深、大开间的独立单元式（带电梯）单元两两拼接所代替。

间,适合配置更多户数,特别是成套公共租赁住房时。因此相对来说,保障性住房标准层或标准单元的人口总量相对较多。在保障性住房要求"应以高层为主"、"宜多套组合"的情况下,目前上海市"高层"保障性住房的消防、疏散要求仍与普通商品住房同等要求设置。

2. 差异点

与消防、疏散的严格要求、一视同仁相比,保障性住房与普通商品住房因服务人群收入、住房套型建筑面积标准的降低,在一些方面做出了"规制缓和"、"降低"的调整。这种差异调整主要是以"牺牲"住房的居住舒适性、居住卫生条件为代价的。

套型建筑面积、可居住空间数相对减少是共有产权住房(含经济适用住房)、公共租赁住房(成套)等保障性住房居住舒适性受控的主要标志。特别是公共租赁住房(成套)在上海市中心城区内为1~2个可居住空间,在城区外为1~3个可居住空间,均包括1个起居空间或卧室兼起居空间。在家庭访客日益减少,智能手机等日益取代电视的今天,这样的格局分配规定,虽然能够勉强满足居住家庭"分室就寝"、"寝、餐分离"的基本要求,但是,相比普通商品住房的套型舒适性要求还是降低了一个层次。

另外,绿地率和集中绿地率、停车、层高等指标的适度调低都是基于服务人群的经济收入,而非家庭构成、用地区位特点而做出的"牺牲"住房居住舒适性的尝试。对错与否尚待时间的考量。

房间采光、通风是各国保证住房居住卫生的基本要求。在上海市保障性住房的相关要求中,因服务对象家庭的变化,对房间通风问题未做出改变,但是,对房间日照则做了"规制缓和"的相应调整,保障性住房卫生标准相应调低。

在上海市对普通商品住房的日照要求中,基于我国住宅设计规范"住宅主要居住空间要满足冬至日连续满窗日照1小时"的基本

要求,规定"根据日照、通风的要求和本市建设用地的实际使用情况,居住建筑与居住建筑平行布置时的间距:

(1)朝向为南北向的(指正南北向和南偏东(西)45°以内(含45°),下同),其间距在浦西内环线以内地区不小于南侧建筑高度的1.0倍,在其他地区不小于1.2倍。

(2)朝向为东西向的(指正东西向和东(西)偏南45°以内(不含45°),下同),其间距在浦西内环线以内地区不小于主朝向一侧遮挡建筑高度的0.9倍,在其他地区不小于1.0倍,且其最小值为6m。"

以及在居住建筑与居住建筑非平行布置、多、低层居住建筑与较高居住建筑相对布置、居住建筑与非居住建筑相对布置等等,规制详细,不一而足[①]。

而在对保障性住房、特别是共有产权住房(含经济适用住房)的日照要求中,则具体规定:"保障性住房在规划设计阶段应重视相邻地块的日照影响。公共租赁住房的日照标准可适当放宽。"[②]

"日照标准原则上执行本市《住宅设计标准》规定,受地块限制,无法满足上述规定要求时,高层少量套型日照标准可适当降低,但应有一个居住空间能获得冬至日满窗有效日照不少于1小时,房源用于租赁。"[③]

此外,在对公共租赁住房(成套)的日照要求中,规定:"高层成套小户型住宅应保证90%以上的套型有一个居住空间能获得冬至日满窗有效日照时间不小于1小时。高层成套单人型宿舍50%以上

---

① 来源:《上海市城市规划管理技术规定(土地使用 建筑管理)》(2011修订版),第二十三条。
② 来源:关于印发《上海市保障性住房建设导则(试行)》的通知(沪建交联[2010]1239),第2.1.6条。
③ 来源:关于印发《上海市保障性住房设计导则(经济适用住房篇)(试行)》的通知(沪建交联[2011]118号),第3章,第3.0.6条。

居室应有良好朝向，并满足冬至日满窗有效日照时间不小于 1 小时。并且，中心城范围内的改建项目，其成套小户型住宅的日照标准可酌情降低"[1]。

比较上述三者，按照普通商品住房、共有产权住房（含经济适用住房）、公共租赁住房（成套）的顺序，日照要求日趋缓和，成套住宅位于建筑物北向、正东、正西向等普通商品住房明令禁止的户型被允许出现在成套保障性住房规划设计之中，虽然，多限于应用在租赁性住房上。但是即使如此，伴随着居住者收入水平降低，住房日照条件即卫生条件逐渐降低是非常明确的。

当然，也有一些指标的变动是缘于保障性住房套型面积狭小，人口密度较高，而出现的合理调整，例如：公共服务配套设施部分配置内容、面积规模的调整等，公共租赁住房"可不设业委会用房"；"增加物业管理、招待所、食堂（餐饮）、便利店、洗衣房、活动室、健身房等配置"；"其他配套面积可减少"[2]。

3. 问题与思考

上海市在建设技术标准上，对本地普通商品住房和保障性住房规划设计进行了一定程度的区别对待。这主要表现在：由于保障性住房建设标准套型建筑面积标准的调整，而带来的层高、可居住空间数、空间使用面积、空间内容、空间兼用等的萎缩和减小，居住舒适度明显降低；由于保障性住房服务对象——城市中、低、最低收入住房困难家庭的差异，而带来的停车率、绿化率等要求的降低，容积率、建筑密度、住宅层数、标准层套数等指标的提高，甚至涉及保障性住房日照时间、空间朝向、采光等卫生条件要求的下降。

当然，当建筑物安全设计涉及人员生命、财产安全时，无论是

---

① 来源：上海市保障性住房设计导则—公共租赁住房篇（试行），第3章，第3.0.2条。
② 来源：上海市保障性住房设计导则—公共租赁住房篇（试行）。

富人居住的住房或是穷人居住的住房，对住宅建筑物的规划设计要求应该是相同的。这条基本原则在上海市对保障性住房建设管理的相关技术规定中同样是恪守不变的。

但是，细致比较分析上海市保障性住房——共有产权住房（含经济适用性住房）、公共租赁住房（成套）与普通商品住房设计要求的差别，有如下三个方面的问题值得深入探讨。

（1）疏散问题

疏散问题始终是建筑物设计中的基本问题。在对上海市保障性住房规划设计的技术规定中，同样遵循了普通商品住房设计对人员防灾疏散问题的审慎和保守。但是，由于对城市中、低收入人群住房保障标准较低，同时又要求该类保障性住房小区有较高的用地容积率和建筑密度。因而，住宅建筑物向高空发展、标准层向多套发展就成为不得已的选择。

"保障性住房设计应以高层住宅为主，并根据地块条件，选择经济合理的住宅类型"[1]。

"保障性住房高层住宅宜采用多套组合单元，单元平面布局应合理紧凑，合理减少公摊面积，提高标准层使用面积系数和得房率"[2]。

经济适用住房设计"应考虑节能、节地，以高层住宅为主，根据地块条件选择单元式、塔式或通廊式等经济合理的住宅类型"[3]。

并且，经济适用住房设计的"单元式多层住宅应采用2户组合单元。高层应采用多套组合单元，单元式住宅18层以下宜采用3～4户组合，18层以上宜采用4～6户组合，塔式高层住宅宜采用6～8户组合，通廊式高层住宅宜采用12～14户组合。平面布局应合理

---

① 来源：关于印发《上海市保障性住房建设导则（试行）》的通知（沪建交联[2010]1239），第3.1.2条。
② 来源：关于印发《上海市保障性住房建设导则（试行）》的通知（沪建交联[2010]1239），第3.2.1条。
③ 来源：关于印发《上海市保障性住房设计导则（经济适用住房篇）（试行）》的通知（沪建交联[2011]118号），第4.1.3条。

紧凑，降低套外交通空间，减少公共空间的公摊面积，提高标准层使用面积系数和得房率"①。

在公共租赁住房设计中，"设计应考虑节能、节地，根据地块条件选择单元式、塔式或通廊式等经济合理的居住建筑类型"②。

而且，公共租赁住房的"建筑平面布局应合理紧凑，降低套外交通空间，减少公共空间的公摊面积，提高标准层使用面积系数和得房率"③。

由于上述要求，一般保障性住房，特别是公共租赁住房单位住栋均比普通商品住房的总户数增加，人口密度提高。其中，最不利的就是高层或超高层保障性住房高层部分的居住住户，户数增加，公共走道变长，人员疏散时间、难度实际上相对恶劣化。

但是，与上述人口密集居住所带来的层数增高、标准层户数增加、走道变长等条件变化相伴随，在电梯和楼梯设置型制、数量、位置上却均与普通商品住房相同，并未出现任何调整变化。对保障性住房建筑消防、疏散问题审慎处理，不做从宽、从缓处置的同时，是否还应该从实际居住人数、分布情况考虑，对被"束之高'层'"的人员疏散安全条件做重新的实验验证。

（2）卫生条件

我国对居住类建筑物日照间距的要求是最具中国特色、最具"法律面前人人平等"的人权或民权精神的具体体现。

保证住宅套内主要居住空间"冬至日1小时满窗日照"是居住建筑用地布局的最基本依据。建筑物日照间距保障的不光是住户的"阳光权"，也是现代城市住宅区别于传统城市住宅（20世纪上半叶）

---

① 来源：关于印发《上海市保障性住房设计导则（经济适用住房篇）（试行）》的通知（沪建交联[2011]118号），第4.2.1条。
② 来源：上海市保障性住房设计导则—公共租赁住房篇（试行），第4章，第4.1.4条。
③ 来源：上海市保障性住房设计导则—公共租赁住房篇（试行），第4章，第4.1.5条。

密集聚居，争取清洁、卫生、健康的户内外"光明"居住环境的基本要求。最为重要的是，这种对自然的拥有权对城市居民来说，不分男女性别、不分年龄层次、不分高低贵贱、不分社会圈子，是最低、最基本的要求——阳光、空气、水，不应因家庭收入等级而发生规制严苛，或规制缓和的差异变化。

即使是以租赁为目的的保障性住房，也不应因其是中、短期居住而对居住卫生、健康要求人为地打折扣。公共租赁住房、共有产权住房的服务对象就是城市普通居住家庭（仅仅是收入水平有差异），其家庭构成特点与本地区家庭构成特点在统计概率上来讲应该是一样的。他们中间也有老人、孩子，不仅仅是由"朝九晚五"、整日奔波的成年人所构成，不应在居住环境的卫生条件上，因收入水平受到"特殊"的歧视对待。

（3）舒适性、居住需求

社会始终是在进步发展的。城市居民的居住方式、居住水平同样也在不断进化、改良、提高。从20世纪90年代至21世纪，中国的住宅建设标准经历了由低到高，由经济到舒适的变化。住宅户型由"小厅大卧"到"大厅小卧"，由"居寝合室"到"起居、就餐独立"，从"黑厅、过厅"到"明厅、专用厅"，从"独立厕所"到"独立卫生间"，从"液化气罐、水泥灶台和水池"到"整体橱柜、抽油烟机和热水器"等等。居住生活水平的逐步提高是历史发展的必然，也是普遍性的，不应也不能仅限于中产及中产以上阶级。建设面积标准的缩小不应建立在降低既有居住水平、"牺牲"既有居住舒适性的基础上。

居住空间兼用、小厅大卧、子女合寝、阳台就寝、间接采光等户型设计手法均是在时间的大浪淘沙中，逐渐淡出的20世纪传统手法。它们在我国住宅建设实践的长河中，业已因无法满足不断提高的卫生、健康等居住需求而自行退出历史舞台。今天，在城市中、低收入人群身上再次简单、重复采用，是否恰当合适？强调设备设施、收纳家具、居住智能化、部品化等技术改良、技术支撑标准调整，是否要远比户型设计手法"上世纪化"好得多呢？

五、小结

本章从保障性住房建设技术支撑的角度，具体讨论了上海市住房保障在现行政策、技术法规等方面的技术保障情况。我们认为，上海市市政府、相关行政主管部门在本地区住房保障方面做出了很大的努力，并在不断地摸索、修正，上海市的住房保障行政管理体系、建设管理体系已逐步形成，但是在某些住房类型、住房全寿命的某些时期、住房建设某些阶段，或是某些具体指标的控制与调整等方面，仍需进一步完善与深化。

值得注意的是，说到底，保障性住房仍属于城市集合住宅，只不过是它某一种有特殊要求的类型而已。因此，对保障性住房建设技术支撑体系的态度，既不能过分强调其技术体系的独立性、自循环式的封闭性，也不能过分混淆两者之间的差异。特别是在目前，实体经济下行，房地产泡沫大量积聚，保障性住房建设欠债严重，保障性住房建设资金、运营资金仍觉入不敷出之际，要认真权衡利弊，平衡好"限制"与"放宽"两者之间的关系。

从长远看任何民主国家都应该是"人"不分"三六九等"、"高低贵贱"，住房建设应最终以"人"为本，按"需"设计。相关技术标准既然已经成为全国"最低"水平的限定，就应满足所有"人"——"公民"的基本"住需求"，不因家庭经济收入问题而硬性规定、区别对待。

参考国外公共住房建设发展经验①，此时某种类型的"保障性住房"也未必就永远是该类型的"保障性住房"，应未雨绸缪，为今后存量住房的更新、改造留有充分的回旋余地。

---

① 意大利在第二次世界大战后大量建设公共住房，创造了战后"经济奇迹"30年。进入20世纪70年代后，住房需求萎缩，新房建设停滞，但是与此同时，大量20世纪50年代建设的存量住房开始出现设备设施老朽化、居住空间不符使用要求等问题。因此，代替既往的大规模新建，80、90年代后兴起的城市更新、建筑改造逐渐成为意大利城市建设、发展的主旋律。其中，老旧公共住房改造更是各城市公共事业项目推进的重中之重，值得缺乏经验的我国政策制定者、项目建设者借鉴。

第 12 章　结语

本书围绕我国保障性住房建设、运营的技术支撑问题，通过文献资料整理、实态调查、深度访谈、活动观察等调查以及多变量解析的数理分析手段，对我国住房保障的政策演变、建设现况、存在问题以及国外住房保障的技术保障经验进行了研究；同时，尝试从保障对象家庭的户内、户外居住行为的需求与特点出发，对保障性住房及保障性住房住区设计、规划规范、标准提出修订的可能建议；进一步地，通过对我国现行民用建筑、普通住宅勘察设计体系的梳理，对保障性住房建设、运营技术支撑的构成与体系建设中存在的不足进行了深入探讨。

通过上述系列研究，笔者有如下几点体会。

1. 学习国外经验

住房保障制度是一个国家政治制度的重要组成部分，它的形成一般有国家自身政治、经济、社会发展的深刻影响，从制度的孕育、形成、发展，到它的成熟，乃至臃肿、滞后，不但需要相当长的一段时间跨度，而且它始终是处于动态发展之中的。

以意大利为例，它的近现代住房保障建设起始于 20 世纪初，经过了第一次世界大战、法西斯统治期、第二次世界大战，磕磕绊绊，仅仅建立了制度框架。第二次世界大战后的战后重建是意大利现代住房保障的建设实践高潮期，但是，在政策、制度上的建树则远不如之后 20 世纪 70 年代经济发展停滞后考虑得深入、全面。发展至 90 年代末，在积重难返的问题大爆发后，已实行了近 100 年的现行住房保障体制不得不痛改前非，彻底改革。

一般学习现代国外经验往往是截取了某些国家、地区在它的住房保障发展过程中的某一个时间横断面来看的。但是，由于住房保障问题的复杂性，使得无论从哪一个时间节点看，每个体系背后都会对应着各个国家的社会现况，存在着这样、那样的实际问题，而且这些问题在他们内部看来恐怕同样是"严重的"、"亟待改善的"。

同样，以意大利为例，迄今为止，意大利已拥有了110年的现代住房保障历史，也仍很难断言当今的住房保障制度设置就是完善的、没有问题的。

不同的住房保障体系面对的是不同的复杂国情，因此，学习住房保障经验一方面切忌断章取义、大杂烩，一方面还要避免水土不服、生搬硬套。

2. 我国的住房保障政策与建设实践

整体上讲，我国住房保障制度建设起步较晚，在各方面均属摸索阶段，欠账较多，体制建设仍会是一个较为艰难、漫长的过程。虽然本书是围绕住房保障中实物住房的建设、运营管理相关技术支撑展开重点讨论的，但是技术问题仅是住房保障制度体系建设中一个后位、细节的问题，它并不是住房保障的万灵"解药"，不能"雪中送炭"，仅能"锦上添花"，更重要改变的恐怕是在意识形态、上层建筑方面。

我国目前的保障性住房建设实践中存在很多问题，例如选址偏远、配套公共设施不全、大规模集中化、空间面积狭小、分室就寝难等。纵观国外住房保障历史，这些问题都是其他国家过往曾存在过的问题，它们所造成的结果至今仍令管理者头疼不已。历史问题既然不能有效地规避，那么就希望我国的游戏规则制定者能够高屋建瓴、未雨绸缪，努力提高自身管理与认识能力。

实际上，没有各种外因的刺激与推动，单单依靠内部的"上传下达"是很难作出根本性改变的。

3. 保障性住房规划设计标准

在本书做成之际，我们围绕我国保障性住房居民的真实居住需求，已经做过多地区、多类型、多方向、多项目、多内容的实地调查，并且本着"以人为本"、需求优先的原则，已经做过多种分析、归纳和总结了。

与此同时，我们也针对城市普通集合住宅居民以及农村"自建房"居民展开过居住行为、使用实态、居住意愿等的调查与分析。

同是城市集合住宅及集合住宅住区，最低收入者的廉租房也好，中、低收入者的公共租赁住户也好，除家庭经济收入问题之外，家庭日常的"吃喝拉撒睡"与城市普通众生并没有很大的差别。住房居住标准上的人为设"线"、设"槛"，特意拉开保障性住房与非保障性住房的区别，是人群上的"歧视"，是法规上的"孤立"，是"以人为本"、"人性化"，还是划分"社会阶层"，制造"矛盾对立"？

4. 大规模建设中的政府作为

由于保障性住房建设所具有的政府、民生、公益等性质，政府往往是住房建设的业主与甲方，因此，在建设中，政府意志的贯彻较为直接、便捷。利用这种便捷性，适时推广、示范新材料、新技术的应用，总结经验教训，推动工程建设科技进步，这是政府在保障性住房大规模建设中应该做的事情。

例如北京、辽宁、深圳等地建设主管部门在公共租赁住房、经济适用住房建设项目中，推行建筑施工装配化技术、部品体系配套，尝试建筑生产工业化、设计模数化，并以上述工程实践为基础，推动相关技术文件的编制、发布，推广应用技术至普通住宅建设中。此外，还有上海地区在公租房建设中推进内装修装配化施工技术等。

上述努力、尝试都不能单纯以实际建安成本高低作为项目试验成功与否的审核标准。它的经济效益、社会效益是以今后的产品、技术、规范和标准的普及提高为目的的，是符合行业进步要求与经济发展方向的。

最后，住房保障问题量大面广，切实涉及国计民生，多方面的共同努力必不可少，特别是民众自身的"开民智"，积极参与至关重要。

2017 年 5 月 27 日　辍笔

参考文献

[1] 中共中央关于制定国民经济和社会发展第十二个五年规划的建议 [S]. 2010-
    10-18（中国共产党第十七届中央委员会第五次全体会议通过）.

[2] 中华人民共和国国民经济和社会发展第十二个五年规划纲要 [S].2011-3-17.

[3] 国务院办公厅. 国务院办公厅关于保障性安居工程建设和管理的指导意见 [S].
    国办发 [2011]45 号 , 2011-9-30.

[4] 国务院办公厅. 国务院办公厅关于保障性安居工程建设和管理的指导意见 [S].
    国办发 [2011]45 号 , 2011-9-28.

[5] 建设部. 城镇廉租住房管理办法 [S]. 建设部 70 号令 , 1999.

[6] 建设部. 建设部通报城镇廉租住房制度建设和实施情况 [S]. 建住 [2006]63 号 ,
    2006.

[7] 住房和城乡建设部 , 发改委 , 财政部关于印发 2009—2011 年廉租住房保障规
    划的通知 [S]. 建保 [2009]91 号 , 2009.

[8] 国务院办公厅. 国务院办公厅关于促进房地产市场健康发展的若干意见 [S].
    国办发 (2008)131 号 , 2008.

[9] 王秀红 , 王海光 , 刘振华 , 李兴华. 中外建筑标准体系对比研究 [J]. 科技创新
    导报 , 2010(19).

[10] 刘玉亭 , 何深静 , 吴缚龙. 英国的住房体系和住房政策 [J]. 城市规划 , 2007(09).

[11] 柯年满. 美国的住房政策及启示 [J]. 世界建筑导报 , 2000(11).

[12] 吴伟 , 林磊. 从"希望六"计划解读美国公共住房政策 [J]. 国际城市规划 ,
    2010(03).

[13] 刘刚. 美国建筑规范体系介绍 [J]. 商品与质量·建筑与发展 , 2010(07).

[14] 郑俊明 . 深圳、香港、新加坡住宅建设之比较 [J]. 住宅建设 .

[15] 刘晓艳 . 香港建筑法例规范及政府监管 [J]. 建筑经济 , 2000(05).

[16] 周锡全 , 蔡成军 . 加拿大国家建筑模式技术法规及其编制方法 [J]. 工程建设标准化 , 2003(03).

[17] 李铮 . 日本技术法规与技术标准体制综述 [J]. 工程建设标准化 , 2002(03).

[18] 沈世杰 , 顾永和 . 美国的建筑技术模式法规 [J]. 工程建设标准化 , 2002(05).

[19] 窦以松 , 项阳 , 邵卓民 . 俄罗斯的建筑技术法规与技术标准 [J]. 工程建设标准化 , 2003(02/03).

[20] 2011 年·中国首届保障性住房设计竞赛评审报告 [N]. 中国建设报 , 2011-09-29.

[21] 周和生 , 尹贻林 . 政府投资项目管理模式的沿革 . http: //www.neu.edu.cn/sjc.

[22] 卫明 . 浅析建筑施工标准体系 [J]. 施工技术 , 2003(02).

[23] 王波 , 杨文奇 , 刘浩 , 孙超 . 新加坡绿色施工及文明施工评价标准 [J]. 施工技术 , 2011, 40(7).

[24] 赵维军 . 英国施工企业管理标准化述评 [J]. 中国港湾建设 , 2006(02).

[25] 王维林 . 既有房屋建筑物的维修效益管理 [J]. 中小企业管理与科技 , 2011(04).

[26] 李哲 . 物业管理模式分析与借鉴 [J]. 现代物业 , 2007(11).

[27] 周晓红 , 叶红 . 中日住宅部品认定制度 [J]. 住宅产业 , 2009(Z1).

[28] 周燕珉 . 中小户型住宅套内空间配置研究 [J]. 装饰 , 2008(03).

[29] 周燕珉 , 林婧怡 . 对北京市公租房建设相关政策的探讨与建议 [J]. 建筑学报 , 2013(04).

[30] 周燕珉 , 王富青 . 北京低收入者居住需求研究及对廉租房建筑设计的启示 [J]. 建筑学报 , 2009(08).

[31] 周燕珉 , 王川 . 韩国中小套型住宅设计借鉴 [J]. 世界建筑 , 2008(09).

[32] 林文洁 , 周燕珉 . 日本公营住宅给中国廉租住房的启示——以日本新潟市市营住宅为例 [J]. 世界建筑 , 2008(02).

[33] 周燕珉，林菊英. "空间回路"在中小户型住宅中的应用 [J]. 建筑学报，2007(11).

[34] 周燕珉，林菊英. 节能省地型住宅设计探讨——"2006 全国节能省地型住宅设计竞赛"获奖作品评析 [J]. 世界建筑，2006(11).

[35] 周燕珉，杨洁. 中、日、韩集合住宅比较 [J]. 世界建筑，2006(03).

[36] 周晓红，龙婷. 上海市低收入住房困难家庭居住生活行为的研究 [J]. 建筑学报，2009(08).

[37] 周晓红. 上海市廉租家庭居住实态调查 [J]. 中国人口资源与环境，2009.

[38] 周晓红. 上海市廉租住房制度发展及问题研究 [J]. 建筑学报，2010(03).

[39] 周晓红. 中国都市部の公共賃貸住宅政策とその効果（1）[J]. 日本建筑学会大会学术讲演梗概集，2009.

[40] 周晓红. 中国都市部の公共賃貸住宅政策とその効果（2）[J]. 日本建筑学会大会学术讲演梗概集，2010.

[41] 周晓红，卢骏. 上海市农村动迁安置住房住区居民户外活动行为研究 [J]. 建筑学报，2017(02).

[42] 郭昊栩，李茂. 居住保障性的户型体现——岭南保障性住房户型评价 [J]. 建筑学报，2017(02): 63-68.

[43] MAROM N, CARMON N, 曹丹仪. 伦敦和纽约的保障性住房计划：在市场和社会混合之间 [J]. 城市规划学刊，2016(01): 122.

[44] 李甜，宋彦，黄一如. 美国混合住区发展建设模式研究及其启示 [J]. 国际城市规划，2015(05): 83-90.

[45] 李志刚，任艳敏，李丽. 保障房社区居民的日常生活实践研究——以广州金沙洲社区为例 [J]. 建筑学报，2014(02): 12-16.

[46] 李翥彬，濑户口刚，霍克. 廉租房室内空间使用调查及其对保障性住房设计的启示 [J]. 建筑学报，2013(S1): 180-185.

[47] 柳泽，邢海峰. 基于规划管理视角的保障性住房空间选址研究 [J]. 城市规划，2013(07): 73-80.

[48] 胡毅, 张京祥, 吉迪恩·博尔特, 皮特·胡梅尔. 荷兰住房协会——社会住房建设和管理的非政府模式 [J]. 国际城市规划, 2013(03): 36-42.

[49] 陆超, 庞平. 居住隔离现象的内在机制探索与对策研究——法国大型社会住宅建设对中国大型保障房建设的启示 [J]. 城市规划, 2013(06): 52-56.

[50] 文铮, 漆平, 洪惠群. 保障性住房的公共服务体系建构 [J]. 建筑学报, 2013(04): 106-109.

[51] 陈喆, 范润恬, 吴鹏飞. 基于"开放住宅"理论的北京市高层保障性住房设计研究 [J]. 建筑学报, 2012(S2): 162-168.

[52] 丁旭. 保障性住房适建性评价及其空间区位选择——以杭州为例 [J]. 城市规划, 2012(09): 70-76.

[53] 章征涛, 周雨杭, 张媛. 国外保障性住房空间演替及其启示 [J]. 建筑学报, 2012(08): 109-113.

[54] 薛德升, 苏迪德, 李俊夫, 李志刚. 德国住房保障体系及其对我国的启示 [J]. 国际城市规划, 2012(04): 23-27.

[55] 申明锐, 罗震东. 英格兰保障性住房的发展及其对中国的启示 [J]. 国际城市规划, 2012(04): 28-35.

[56] 李俊夫, 李玮, 李志刚, 薛德升. 新加坡保障性住房政策研究及借鉴 [J]. 国际城市规划, 2012(04): 36-42.

[57] 苏运升, 高岩, 常强. 大规模定制的保障房住区系统设计——深圳2011"一·百·万"保障房设计竞赛综合类金奖方案：易·度 [J]. 建筑学报, 2012(05): 13-19.

[58] 尚懿. 有机生长 无限可能——对深圳2011"一·百·万"保障房设计竞赛的创造性解答 [J]. 建筑学报, 2012(05): 27-31.

[59] 袁奇峰, 马晓亚. 保障性住区的公共服务设施供给——以广州市为例 [J]. 城市规划, 2012(02): 24-30.

[60] 张娟. 美国包容性区划对我国保障性住房建设的启示 [J]. 城市规划, 2011

(09): 41-46.

[61] 马晓亚，袁奇峰.保障性住房制度与城市空间的研究进展 [J]. 建筑学报，2011(08): 55-59.

[62] 李振宇，张玲玲，姚栋.关于保障性住房设计的思考——以上海地区为例 [J]. 建筑学报，2011(08): 60-64.

[63] 李钊，郭淳，刘吉臣，武海滨，王宇.保障性住房的发展与设计实践 [J]. 建筑学报，2011(08): 65-69.

[64] 奚树祥，李惠生.保障性住房设计探索 [J]. 建筑学报，2011(08): 70-72.

[65] 郭莤，王正，常宁，郭静.提高用地效率 改善居住品质——保障性住房建设的节地策略研究 [J]. 建筑学报，2011(02): 82-85.

[66] 姚栋.保障性住房的绿色趋势——3 个美国案例的研究与思考 [J]. 建筑学报，2011(02): 104-109.

[67] 李智，林炳耀.特殊群体的保障性住房建设规划应对研究——基于南京市新就业人员居住现状的调查 [J]. 城市规划，2010(11): 25-30.

[68] 赵进.香港公营房屋建设及其启示 [J]. 国际城市规划，2010(03): 97-104.

[69] 汪冬宁，汤小橹，金晓斌，周寅康.基于土地成本和居住品质的保障住房选址研究——以江苏省南京市为例 [J]. 城市规划，2010(03): 57-61.

[70] 郭卫兵，郑新洪，于志铎.香港公屋建设研究与启示 [J]. 建筑学报，2009(08): 18-21.

[71] 周典.日本保障性住宅的规划设计 [J]. 建筑学报，2009(08): 22-26.

[72] 2008 年全国保障性住房设计方案竞赛 [J]. 建筑学报，2008(02): 104.

[73] 白英華，西山德明.解放後の中国における都市住宅発展過程に関する研究——住宅政策を戦後日本と比較して [C]. 日本：日本建築学会九州支部研究報告第 37 号，1998.

[74] 闵巍.新加坡公共住屋发展的研究 [D]. 上海：上海交通大学，2002.

[75] 赵强.香港集合住宅—公屋研究 [D]. 天津：天津大学，2008.

[76] 袁朝晖. 上海是住房保障问题与低收入家庭住宅设计的发展策略 [D]. 上海：同济大学建筑城规学院, 2008.

[77] 王鹏. 上海市低收入家庭居住问题研究 [D]. 上海：同济大学建筑城规学院, 2007.

[78] 周燕珉等. 住宅精细化设计 [M]. 北京：中国建筑工业出版社, 2008.

[79] 周燕珉. 中小套型住宅设计 [M]. 北京：知识产权出版社, 2008.

[80] 岩井一幸, 奥田宗幸. 住の寸法 [M]（第 2 版）. 日本：彰国社, 2007.

[81] 国家建筑标准设计网. http://www.chinabuilding.com.cn/.

[82] 中国工程建设标准化网. http://www.cecs.org.cn/.

[83] 国家工程建设标准化信息网. http://www.risn.org.cn/.

[84] 日本住宅板材工业协会. 日本. http://www.panekyo.or.jp.

[85] BetterLiving(日本美好居住中心). http://www.cbl.or.jp/about/enkaku.html.

致谢

本书主要是以 2011 年住房和城乡建设部科技攻关项目——"保障性住房建设技术支撑体系框架研究"为基础，结合笔者多年有关上海市保障性住房政策、法规、中低收入人群居住行为需求的若干研究成果整理而成的。

在上述住房和城乡建设部课题研究开展过程中，现广州大学建筑学院陈珊老师投注了大量心血，执笔完成了"保障性住房施工建造体系研究"、"保障性住房运营维护体系研究"、"保障性住房信息管理与认证体系研究"3 部分的研究内容，为确保课题的顺利完成做出了巨大的努力。本书第 8 章、第 9 章、第 10 章内容即是在陈珊老师上述研究成果的基础上，经笔者部分加笔、增减、调整而成。在此，笔者对陈珊老师的劳动付出表示深深的感激和感谢。

另外，本书涉及全国及上海市若干保障性住房户内、户外居住行为实态调查。在这些调查中，同济大学建筑与城市规划学院硕士研究生殷幼锐、王湛、朱徐、卢骏、马欣、张辰、化帅旗、王娟等均亲身参与，并认真、努力完成了各项调研工作。笔者在此一并对上述同学对本书的贡献表示深深的感谢。

于 上海 同济新村
2017 年 5 月 15 日